HAIKOU REDAI NONGYE KEJI BOLANYUAN

海口
热带农业科技博览园

欧阳欢　余树华　陈志权　主编

中国农业出版社
北　京

内容摘要

海口热带农业科技博览园，位于海南省海口市，由全国综合性热带农业研究最高学术机构——中国热带农业科学院开发管理，是一座集科技创新、成果展示、农业科普、植物观赏、休闲体验、研学培训、国际交流于一体的自然展览馆。

本书基于我国新时代实施可持续发展战略、乡村振兴战略，强化国家热带农业战略科技力量，加快热带农业科技资源的利用与开发，以推进生态文明建设、美丽中国建设，推动"三农"工作发展为指导思想和行动指南，系统梳理海口热带农业科技博览园规划、建设、运营与农科旅融合发展模式，打造展现新时代中国热带农业科学院独具科学内涵、多样资源、艺术风貌、文化底蕴、科普主题、游憩体验和使命担当的国家名片，形成引领国家热带农业科技对外开放重要平台、海南省会城市精品景区、海南自由贸易港靓丽名片和国际旅游岛高端品牌，从而推动休闲农业理论体系的丰富和完善，为我国农业科技博览园建设和运营提供参考借鉴。

指　导	王庆煌	崔鹏伟	张以山		
主　编	欧阳欢	余树华	陈志权		
副主编	袁晓军	张小燕	洪　双	邓选国	廖子荣
	曾宗强				
编　委	林立峰	曹宜源	庄志凯	何斌威	龙翊岚
	邓福明	方纪华	白菊仙	韩冰莹	羊以武
	黄圣卓	张泽龙	刘昭华	赵茜薇	邢楚明
	王建南	刘　钊	周日花	高宏茂	高　静
	李永龙	刘　倩	欧阳诚	莫淑敏	汤广明
	林　莉				

HAIKOUREDAINONGYEKEJIBOLANYUAN

前 言
FOREWORD

　　改革开放以来，党中央、国务院高度重视中国的可持续发展。1994年我国确定了实施可持续发展战略。实施可持续发展战略的指导思想是坚持以人为本，以人与自然的和谐为主线，以经济发展为核心，以提高人民群众生活质量为根本出发点，以科技和体制创新为突破口，坚持不懈地全面推进经济社会与人口、资源和生态环境的协调发展，不断提高中国的综合国力和竞争力。党的十八大明确提出科技创新是提高社会生产力和综合国力的战略支撑，必须摆在国家发展全局的核心位置，强调要坚持走中国特色自主创新道路、实施创新驱动发展战略。要以全球视野谋划和推动自主创新，着力增强创新驱动发展新动力，加快形成经济发展新方式，推动经济社会科学发展、率先发展。

　　农业农村农民问题是关系国计民生的根本性问题。没有农业农村现代化，就没有整个国家现代化。实施乡村振兴战略，是党的十九大作出的重大决策部署，是决胜全面建成小康社会、全面建设社会主义现代化国家的重大历史任

务,是新时代"三农"工作的总抓手。实施乡村振兴战略的总目标是实现农业农村现代化,农业农村现代化的关键在科技进步。科技创新是质量兴农的根本动力,是绿色兴农的重要支撑,是提高农业竞争力的核心抓手,是促进农业农村现代化的重要途径。

作为全国综合性热带农业研究最高学术机构——中国热带农业科学院(简称中国热科院),必须立足世情国情科情农情,切实增强责任感、使命感和紧迫感,强化国家热带农业战略科技力量,坚持"四个面向"(面向世界科技前沿、面向经济主战场、面向国家重大需求、面向人民生命健康),加快热带农业科技资源的利用与开发,加快热带农业科技进步和科技成果转化应用,为推进生态文明建设、美丽中国建设,推动形成人与自然和谐发展,推进热带农业全面升级、热区农村全面进步、热区农民全面发展提供战略支撑。

农业科技博览园是休闲农业的一种特色类型,是植物园的一种特殊类型,也是展示农业科技成果与普及农业科学知识的一座重要阵地。农业科技博览园综合反映区域农业经济、文化、科技水准,是拓展农业的休闲观光、文化传承、科技普及等功能,带动农村一二三产业融合、生产生活生态协调发展的新型农业产业形态。一个具有特色创意的农业科技博览园能体现和增强区域综合竞争力,引领时代潮流发展,为乡村全面振兴和生态文明建设提供有效支撑。

本书基于我国新时代实施可持续发展战略、创新驱动发展战略、乡村振兴战略的指导思想和行动指南,运用资源技术经济学、休闲农业开发等基础理论,回顾了海口热带农业科技博览园资源利用与开发的历史脉络,介绍了博览园规划设计的思路,阐述了博览园在新时期景观建设、设施建设、特色产品、文化建设、运营管理和农科旅融合发展的休闲农业模式,探索打造展现新时代中国热带农业科学院独具科学内涵、多样资源、艺术风貌、文化底蕴、科普主题、游憩体验和使命担当的国家名片,形成引领国家热带农业科技对外开放重要平台、海南省会城市精品景区、海南自由贸易港靓丽名片和国际旅游岛高端品牌,以期助力海南自由贸易港建设国际旅游消费中心,促进"农业+科技+

旅游"产业提质升级，助推热区一二三产业融合发展，从而推动休闲农业理论体系的丰富和完善，为农业科技博览园建设和运营提供参考借鉴。

本书是在中国热带农业科学院基本科研业务费专项有：热带农业科技旅游品牌营销体系研究（1630012021006）、科技成果转化应用品牌建设研究（1630012019007）、植物园标识标牌系统开发应用研究——以海口热带农业科技博览园为例（1630012020012）、海口热带农业科技博览园科普展示系统优化升级（1630012021019）等研究成果基础上完成的。本书的选题、论证过程得到王庆煌、崔鹏伟、张以山等领导和专家的宝贵意见和指导，同时在组织材料过程中参阅了相关书刊，收集了有关知识产权管理部门和从事知识产权研究人员撰写的素材和陈开魁等人员拍摄的图片，得到中国热带农业科学院机关部门、院属单位同事的支持和帮助。在此，谨向上述领导和同事及所有为本书提供资料的同仁表示衷心感谢！

书中难免存在缺点和不足，恳请各位读者和同仁提出宝贵意见，以便更好地推进海口热带农业科技博览园的建设与发展。

编 者

2021年10月

目 录
CONTENTS

前言

海口热带农业科技博览园规划开发

一、农业科技博览园概念与规划

（一）农业科技博览园相关概念

1.植物园 植物园是一个以植物引种驯化为中心的综合研究、保护、展示和教育平台，也是人们普及植物科学知识，休闲游憩的好去处。植物园肩负着科学研究、物种保育、科普教育、教学实习和休闲旅游等多重任务。展览、介绍、研究和利用自然界丰富的植物资源，尤其是野生植物资源是植物园的基本任务。

2.休闲农业 休闲农业又被称为休闲观光农业，是指把自然环境、田园风光、生产经营，结合风情文化、相关基础设施等旅游资源，通过合理规划和开发，为来访的游客提供多选择多样化旅游内容的产业领域。休闲农业是拓展农业的休闲观光、文化传承、科技普及等功能，带动农村一二三产业融合发展的新型农业产业形态。休闲农业在农民就业创业增收，传承和发扬乡土文明，发展繁荣乡村经济和促进城乡融合发展等方面作出了重要贡献，已成为乡村产业振兴的重要力量。

3.农业科技园 农业科技园是以市场为导向、以科技为支撑农业发展的新型模式，着力拓展农村创新创业、成果展示示范、成果转化推广和高素质农民培训四大功能，是农业技术组装集成的载体，是市场与农户连接的纽带，是现代农业科技的辐射源，是人才培养和技术培训的基地，对周边地区农业产业升级和农村经济发展具有示范与推动作用。

4.农业产业园 农业产业园是指现代农业在地域空间上的聚集区。它是在有一定资源基础、区位和产业等优势的农区内划定出较大的地域范围来优先发展现代化农业，由政府引领导向、企业经营运作，运用工业园区的相关理念建设和管理，以推进农业生产现代化进程和实现农民收入增加为目标，以现代化科学技术和相关物质装备为基础，实行集约化生产和企业化经管，集农业生产、科学技术、科普教育、生态观光等多种功能类型为一体的综合性示范园区。

5.农业科技博览园 农业科技博览园是指以农业科技为主题，展示农业科技成果与普及农业科学知识的农业科技产业园区，它是休闲农业的一种特色类型，也是植物园的一种特殊类型。农业科技博览园能综合反映区域农业经济、文化、科技水准，是拓展农业的休闲观光、文化传承、科技普及等功能，带动农村一二三产业融合、生产生活生态

协调发展的新型农业产业形态。农业科技博览园从科技内涵体现、生产要素组合、产业结构高级化和产业组织多样化方面赋能现代农业，极大地丰富了现代农业的内涵。

（二）农业科技博览园规划设计

1.农业科技博览园规划主要功能

（1）**产业经济功能**：农业科技博览园采用高度集约化生产，产品优质，拥有现代化的设施和科学的管理。经营者可以依托园区内现有资源进行种植、生产、加工、销售等，从中获得相应的经济收益。园区是以发展自身特色产业为主，以相关体验消费为辅，进行合理的产业规划、产业组成及市场分析。有助于改善农村经济条件，帮助村民就业，改善农村经济条件，缩短城乡差距，提升农村生活品质。

（2）**教育体验功能**：常年生活在城市之中，人们对于农业知识的了解越来越少。农业科技博览园可以吸引更多的城市人到园区中去，对于城市人口，特别是青少年群体，提供一个了解和学习农业知识，参与农业生产活动，感受农业景观的户外教学平台，可以直接参与体验。农业景观具有观赏性，农业科技博览园不仅具有可观赏的怡人景色，还可以通过丰富的农事体验活动，增加游客的参与感和积极性，不仅是可观、可赏、可嗅的，还是可参与可体验的。

（3）**生态保护功能**：自然环境是农业科技博览园的发展基础，怡人的自然环境是吸引旅游发展的重要元素。保护自然生态环境就要从生态学整体、统一、和谐、共生的观念出发，研究农业科技博览园与生物多样性的关系。在园区内，通过配置植物及营造周边环境，可对当地自然环境达到净化空气、防风固沙、保护土壤、涵养水源以及保护生物多样性等功能，在改善自然环境的同时，保护了景观的生态性，能够有效提升当地的自然环境品质，同时借助解说服务，也可以使都市居民了解到生态环境与资源保护的重要性。

（4）**休闲娱乐功能**：农业科技博览园可以为游客提供游览观光、体验、休闲、度假等活动的服务及场所，以自然资源为基础，可以开发相关的观光及农事活动，使游客可以感受相应的活动体验乐趣，满足城市人口渴望亲近自然的渴求，使都市人群借助旅游减缓工作及生活带来的压力，达到身心舒畅的效果。发展农业科技博览园可以加快现代农业的推广，通过休闲娱乐实现效益的最大化。

（5）**文化传承功能**：农业科技博览园所特有的农业科技文化、产业文化、民俗文化，能够吸引众多生活来自钢筋水泥构筑的城市中人们，可使文化得以继续延续传承、创新，促进都市人群对于现代农业的认知，了解动植物生长过程，体验农业生态文化等；促进人与人之间的情感交流，增加城乡之间的文化和信息互通，减少城乡居民之间的距离。

2.农业科技博览园规划基本原则

（1）**生态优先原则**：生态优先原则要求园区建设在生态友好的基础上，为游客建立一个舒适的旅游环境。农业科技博览园往往依托于特有的自然环境及产业，为了达到和谐发展，要充分尊重自然规律，不能轻易改变农业生产方式，尽量种植本土优势经济作物，打造一个环境优美、产业结构合理、符合生态原则的园区。充分利用当地景观与生态资源，不应该破坏当地自然资源和环境，不与生态保育相冲突，保护生物多样性，维持生态平衡，尽量不破坏原有生态资源，发展生态农业，产出绿色食品。在植物配置方面也要遵循生态性原则，进行科学、合理配植，增强景观多样性。

(2) 以人为本原则：现代人们更加注重精神层次的需求。以人为本不仅仅是指为人们提供一个游览观光和休闲活动的场所，还要从不同的角度思考更多的景观存在类型。人是农业科技博览园的主体使用者，因此坚持以人为本的原则，在设置服务体系和营造景观时都要考虑人的需求，注重游客的参与感和体验感，把人的活动看成园区有机活动的一部分，综合考虑不同群体的需求。由于农业科技博览园较为特殊，可以设计适宜体验的活动项目，如采摘、手工制作体验等。同时，为了方便游客的使用，应设置合理的服务设施如休息、餐饮设施，做到规划设计人性化。

(3) 乡土特色原则：产业的特质在于它的乡土化、地域化及内发性。在发展农业科技博览园时，要充分考虑农业生产、地方文化具有的地域性特点，利用当地特色农业种植，壮大产业优势。充分利用现有资源，保留原有地形地貌，植物的选择上选用乡土植物，建筑上也要结合当地的文化。规划时将以地区的农业资源、农业生产条件和农业文化作为基础，突出特色农业、民族气息、历史文化特色、开发特色农副产品、旅游产品，科学设计旅游线路，强化产品的差异性、特色化。找准突破口，使园区的特色更加鲜明突出，保持"人无我有、人有我特"的引领性地位。

(4) 可持续发展原则：可持续发展的理论核心就是社会—生态系统的统一性，将生态持续性、经济持续性和社会持续性有机统一，是既立足于现实，又着眼于未来的战略理论。可持续发展的内容又包括了环境、文化、经济和社会可持续四个部分。农业科技博览园的发展必须坚持可持续的发展原则，平衡供需，发展与保护并行，重视文化保护，实现生态环境保护与经济社会发展相结合，发挥地方优势，达到环境、文化、经济、社会的可持续发展。

(5) 产业融合发展原则：农业科技博览园本质是展示农业科技成果与普及农业科学知识的一座重要阵地。在规划时需以农业科技为主题，聚集国内外高新技术，形成农业、旅游业与科技联动发展的产业生态圈，打造特色农业产业链，整合农业研发、生产、销售等环节，从成果转化入手将生产研发结合，打造全产业链可参与互动的共享平台，拓展农业的休闲观光、文化传承、科技普及等功能，带动农村一二三产业融合、生产生活生态协调发展的新型农业产业形态。

(6) 示范教育性原则：农业科技博览园为游客提供了解农业科技、农业历史，欣赏农业景观、农业艺术，学习农业知识、农业文化，体验农业技术、农业劳作的场所，使游客和青少年在旅游观光、科普体验和研学旅游时，学习到相应的理论知识，接受到生态保护理念。尤其是对从小生活在都市，长期远离乡村文化及农业生产的青少年群体而

言，能够发挥较好的科普教育作用。

（7）参与互动性原则：在农业科技博览园开发中要求提升游客参与度，改变单一农业模式，迎合消费者的消费心理和兴趣倾向。预留游客参与空间，建设让游客能够参与体验的多功能区块，延长游玩时间，发挥整体的休闲体验功能，完善配套服务，通畅游园线路，配备合理的休息和停车场所，提供农产品配套服务。同时要让农民参与到园区建设中，最大化地发挥农民价值。

3. 农业科技博览园规划重点内容

（1）发展定位：农业科技博览园规划是规划研究和思路明确的过程，指导整体规划设计的逻辑起点。发展定位决定了园区的发展及战略方向，立足现实，找出增加园区竞争力方法及因素。对园区规划的性质、主要功能、规划原则与发展方向进行定位，并在规划过程中对其进行论证。

（2）发展目标：发展目标制定是农业科技博览园规划中一项提纲挈领的顶层工作，需要对园区内、外部的战略环境进行分析、论证。发展目标是未来全园区所有人为之奋斗的目标。从时间维度来看，发展目标包括长期目标（愿景、使命）、中期目标、短期目标；从内容维度来看，战略目标既包括财务类指标，也包括业务类指标，还包括管理类指标。

（3）规划理念：规划理念是农业科技博览园构思过程中所确立的主导思想，是规划的精髓所在，它赋予园区文化内涵和风格特点。在园区调查分析和确定目标的前提及基础之上，有针对性地梳理园区规划的理论依据和原则，并有效地将其体现在具体的规划设计中，体现园区个性化、专业化和与众不同的效果。

（4）功能布局：功能布局是农业科技博览园规划中的重点部分，园区功能布局会受到很多因素的影响和制约，主要包括土地利用现状、土地利用水平、总体规划的要求以及对园区的定位等。在正确的评估分析园区现状之后，依据农业科技博览园发展的目标定位，确定多个功能区、景观轴线、产业带、核心区、示范区以及辐射区的范围。

（5）景观系统：景观系统规划设计需对农业科技博览园土地利用进行总结，通过布局景观环境，设想出园区的景观空间结构中重要节点的景观意向。要了解整个空间结构以及设计要素，在规划之前应了解项目的要求和规划需要，包括基础服务、游憩空间、植物配置、道路及水电规划等。

（6）活动项目：保证农业科技在农业科技博览园的主导地位，规划围绕特色经济农作物资源保存、种植、农产品加工等产业活动的同时，提高种植资源质量，要将旅游在园区内的重要性提高，加大第三产业在园区规划中的决定作用，整体产业布局的规划需满足农业生产及旅游服务的要求。

（7）旅游专项规划：旅游专项规划包括的基本内容是：综合评价旅游业发展的资源条件与基础条件；全面分析市场需求，科学测定市场规模，合理确定旅游业发展目标；确定旅游业发展战略，明确旅游区域与旅游产品重点开发的时间序列与空间布局；综合平衡旅游产业要素结构的功能组合，统筹安排资源开发与设施建设的关系；确定环境保护的原则，提出科学保护利用人文景观、自然景观的措施；根据旅游业的投入产出关系和市场开发力度，确定旅游业的发展规模和速度，提出实施规划的政策和措施。

二、海口热带农业科技博览园资源利用与开发

（一）海口热带农业科技博览园简介

海口热带农业科技博览园是由全国综合性热带农业研究最高学术机构——中国热带农业科学院开发管理，创建于2011年，位于海南省海口市，占地面积300亩*，收集保存热带动物、植物1 600余种，是一座集科技创新、成果展示、农业科普、植物观赏、休闲体验、研学培训、学术交流于一体的自然展览馆。

海口热带农业科技博览园入口处

海口热带农业科技博览园按照农科旅融合发展模式，以热带农业科技、热带珍奇植物、科普教育示范和热带特色产品为核心产品体系，坚持"开放办园、特色办园、高标准办园"的方针，致力于热带特色农业科技旅游资源的利用与开发，构建"一心、两馆、三园、四场、五景、六区、七楼"的总体格局，旨在打造成国内外知名的国家热带农业科研殿堂、热带珍奇植物科普基地，促进"农业＋科技＋旅游"产业提质升级，助推热区一二三产业融合发展。

作为展现新时代中国热带农业科学内涵、多样植物、艺术风貌、文化底蕴、科普

---

* 亩为非法定计量单位，15亩＝1公顷，下同。——编者注

主题、特色产品、游憩体验和使命担当的"窗口"，海口热带农业科技博览园已发展成为中国热带农业科学院核心科研试验基地、成果转化平台和产业引领标杆，也是海口市重要的农业科普基地、精品农科景点和创新城市名片。先后被授予"国家3A级旅游景区""国家热带植物种质资源库""国家科技国际合作基地""国家创新人才培养示范基地""全国新型职业农民培育示范基地""国家技术转移人才培养基地""海南省科普教育基地""海南省小微企业创业创新示范基地"等荣誉称号。

（二）旅游资源利用与开发

1. 海南省农业旅游资源概况

（1）*海南省农业概况*：海南岛位于我国南部，拥有土地面积5 302万亩，占有我国热带地区的土地面积为42.5%，是我国最显著的热带海洋气候特色地区，全年高温湿热，年平均气温在22℃到26℃之间，降雨充足，有"天然大温室"美誉，适宜发展热带特色高效农业。在海南自由贸易港建设总要求下，海南省围绕贯彻落实新发展理念，融入现代"双循环"新发展格局，着力推进农业现代化发展。种植业面积逐步扩大及增产增收，渔业转型升级发展，催生、构建了大型农业产业园区和生产基地、休闲农业和休闲渔业等农业领域新格局，切实反映了当地实施乡村振兴战略的崭新成果。

（2）*海南省旅游业概况*：海南岛位于我国的最南部地区，位于热带边缘地区，因此海南省拥有着四季皆宜的舒适气候和得天独厚的热带海岛秀美风光。海南地处热带季风气候区，年平均气温宜人，降水充沛，长夏无冬，青山绿水生机盎然，全域森林覆盖率高达50%，存在海水中的大片红树林形如海上大森林，千姿百态。滨海大道的椰树摇曳，颇显浓郁的地域风情。海南省丰富的旅游资源，让整个海岛成了深受国内外游客青睐的著名旅游度假休闲圣地之一，旅游服务业是海南省未来发展的支柱产业。海南全省旅游业出现的新业态迅猛发展，除免税购物、保健养生旅游、高端休闲娱乐旅游、海洋旅游外，大部分来源于对乡村旅游与休闲农业资源的开发，乡村旅游与休闲农业将成为海南旅游产业典型的创新旅游模式，海南的农业和旅游业逐步趋向于融合发展，两者融合有望成为海南未来发展的经济增长点。

2. 海南省农旅融合概况

近年来海南在乡村硬件上不断升级，为农旅融合发展奠定了基础。2016年海南省政府工作报告提出实施"美丽海南百镇千村工程"，截至2019年，已打造出816个美丽乡村，已有73个特色产业小镇动工建设，充分发挥农旅融合的带动效应，形成新的经济增长点。海南主要的农旅融合类型有以下几种。

（1）*保健养生度假游*：保健养生度假游是以当地优良的生态环境、宜人的自然气候为基础，开发完善食补、疗养、保健、天然氧吧、天然温泉等特色旅游项目的农旅融合类型，这一类型比较适合海南的当地情况，有较好的发展前景。例如海口观澜湖温泉度假区、三亚南田温泉度假区等。

（2）*农事农活体验游*：农事农活体验游也就是大众熟知的"农家乐"类型，一般由当地农户经营，其场所主要是自家庭院、承包地、住所等，让广大国内外游客体验到真实的乡村生产方式带来的乐趣，亲自感受农村这种放慢节奏、放松身心的生活方式。这种"农家乐"类型是目前海南省最广泛、最典型、数量最多的农旅融合类型。

（3）乡村人文自然游：将海南岛独特的热带自然风光、特色作物农业、风土人情、特色建筑等旅游资源，投资开发成极具特色的乡村人文自然游，供人们闲暇之余领略不一样的乡村民俗，感受到亲近自然、释放压力的美好体验。这样的农旅融合类型有文昌东郊椰林、海口东寨港红树林、保亭槟榔谷黎苗文化景区等。

（4）美丽乡村建设游：美丽乡村建设是为加快促进农村经济社会发展，全面推进乡村振兴而提出的新农村规划。通过优美环境、特色农业、政策支持和完善的旅游基础设施的实施美丽乡村建设，吸引游客慕名前往参观新时代新农村风貌。2020年海南省政府批准了石山互联网农业旅游小镇等32个特色产业小镇、海口市秀英区文塘村等185个村作为2020年特色产业小镇和美丽乡村建设单位。

（5）农业科技研学游：农科科技研学游让游客们不仅可以学习知识、开阔视野，还可以购买到特色旅游产品、品尝到美味瓜果。如兴隆热带植物园、海口热带农业科技博览园等。

3.旅游资源分类、调查与评价

（1）旅游资源分类：主要依据旅游资源的性状，即现存状况、形态、特性、特征划分。分类对象包括稳定的、客观存在的实体旅游资源和不稳定的、客观存在的事物和现象。分类结构分为"主类""亚类""基本类型"3个层次，可分为8大主类、31个亚类和155个基本类型。

（2）旅游资源调查：旅游资源调查按照《旅游资源分类、调查与评价》（GB/T 18972—2017）规定的内容和方法进行调查；保证成果质量，强调整个运作过程的科学性、客观性、准确性，并尽量做到内容简洁和量化。充分利用与旅游资源有关的各种资料和研究成果，完成统计、填表和编写调查文件等工作。调查方式以收集、分析、转化、利用这些资料和研究成果为主，并逐个对旅游资源单体进行现场调查核实，包括访问、实地观察、测试、记录、绘图、摄影，必要时进行采样和室内分析。旅游资源调查分为"旅游资源详查"和"旅游资源概查"2个档次，其调查方式和精度要求不同。

（3）旅游资源评价：旅游资源评价按照旅游资源分类体系对旅游资源单体进行评价，主要采用打分评价方法。评价体系依据"旅游资源共有因子综合评价系统"赋分。评价项目为"资源要素值""资源影响力""附加值"。其中："资源要素值"项目中含"观赏游憩使用价值""历史文化科学艺术价值""珍稀奇特程度""规模、丰度与概率""完整性"5项评价因子。"资源影响力"项目中含"知名度和影响力""适游期或使用范围"2项评价因子。"附加值"含"环境保护与环境安全"1项评价因子。

4.旅游资源开发利用
旅游资源的开发利用就是根据市场需求，运用适当的经济和技术手段对旅游资源进行宣传、包装和挖掘利用，使之纳入旅游业范畴，实现经济效益、

社会效益和环境效益。

旅游资源的开发利用最主要的形式就是建立各种各样的景区景点，如风景区、文博院、寺庙观堂、旅游度假区、自然保护区、主题公园、森林公园、地质公园、游乐园、动物园、植物园等。

旅游资源的开发利用应遵循以下几个原则：

（1）特色性原则：特色即差异性。鲜明的特色是旅游资源的生命力所在。只有特色，才会有注意力。旅游经济本身就是注意力经济，要注意旅游景点之间的差别性，体现人无我有的特色。开发利用旅游资源的实质就是要寻找、发掘和利用旅游资源的特色。经过开发的旅游资源，不仅应使它原有的特色得以保持，同时，还应使其原有特色更加鲜明和有所创新、发展，并确保开发后的旅游资源原有特色不被破坏。

（2）共生性原则：就是两个旅游项目之间是共生的。旅游项目是外部性很强的项目，有正向和负向外部性之分。所谓正向的外部性，是指旅游项目之间是相容的、互补的、协调的，看了这一景点之后，有一种再去游览另一景点的渴望。所谓负向的外部性是指旅游项目之间是相克的、类同的，而不是呈现合作形态。旅游资源的共生性，包括自然资源与自然资源之间、自然资源与文化资源之间、文化资源与文化资源之间的共生性现象，而且不同的旅游项目，其共生现象是不同的。如展览馆与宾馆、商场、交通设施、自然景点、人造景点相互之间是共生的。所以，要注意各种旅游景点在某一小区域内的协调性。

（3）保护性原则：旅游开发与利用必须遵循相应的保护法规，一是开发与保护相结合。力求做到与自然景观相协调，不得破坏景观和污染环境。二是资源开发与协调互补。以突出独特性、新颖性为原则，避免单调和重复建设，注重景点与周围环境互补结合，形成自然景观与旅游景观的和谐统一。三是控制承载力。要把旅游活动强度和游客进入数量控制在资源及环境的"生态承载力"范围内。四是强化生态环境教育。在旅游区设计一些能启迪游客环保意识的设施和旅游项目。五是强调资源和知识有价。减少传统大众旅游的粗放性开发，避免低水平管理带来的破坏，这种保护才有经济支撑。六是强调节约资源。在开发中以"消耗最小"为准则，节约自然资源，适度消费，提倡用可再生资源。七是做好资金回投。旅游所得的经济收入要回投到环境中，用于保护和修复因旅游造成的对环境的不利影响，保证其具有可持续利用的潜力。

（4）网络化原则：旅游业是一个扩大化了的网络，是自然网络。在中国特色社会主义进入新时代大背景下，赋予海南经济特区改革开放新的使命。按照《中共中央 国务院关于支持海南全面深化改革开放的指导意见》总体要求，推动海南建设具有世界影响力的国际旅游消费中心，明确提出以供给侧结构性改革为主线，牢牢把握生态是海南最大的财富，按照高质量发展要求，深入推进国际旅游岛建设，积极培育旅游消费新业态、新热点，提升高端旅游消费水平，推动旅游消费提质升级，进一步释放旅游消费潜力，积极探索消费型经济发展新路径，打造业态丰富、品牌集聚、环境舒适、特色鲜明、生态良好的国际旅游消费胜地。

（三）园区旅游资源

1. 旅游资源类型 按照《旅游资源分类、调查与评价》（GB/T 18972—2017）标准，经对海口热带农业科技博览园旅游资源调查，海口热带农业科技博览园各种景观资源共有 6 大主类，15 个亚类，34 个基本型，占基本型的 22%（表 1-1）。

表 1-1 海口热带农业科技博览园旅游资源分类表

主类	亚类	基本类型	体现
B 水域风光	BA 河段	BAA 观光游憩河段	珍稀植物园、热带农业生态馆
	BB 天然湖泊与池沼	BBB 沼泽与湿地	珍稀植物园、热带作物品种园、热带农业生态馆
		BBC 潭池	珍稀植物园、热带农业生态馆
	BC 瀑布	BCB 跌水	入门水景、热带农业生态馆
C 生物景观	CA 树木	CAA 林地	珍稀植物园、热带百果园
		CAB 丛树	珍稀植物园、热带百果园
		CAC 独树	珍稀植物园、热带百果园
	CB 草原与草地	CBA 草地	文化广场、中心广场
		CBB 疏林草地	
	CC 花卉地	CCA 草场花卉地	热带国花园
		CCB 林间花卉地	热带国花园、珍稀植物园
	CD 野生动物栖息地	CDA 水生动物栖息地	珍稀植物园
		CDB 陆地动物栖息地	热带生物科普馆
		CDC 鸟类栖息地	珍稀植物园、热带百果园
		CDE 蝶类栖息地	珍稀植物园、热带百果园
D 天象与气候景观	DB 天气与气候现象	DBC 避寒气候地	全园
		DBE 物候景观	热带农业生态馆、热带海岛植物馆、热带百果园
F 建筑与设施	FA 综合人文旅游地	FAA 教学科研实验场所	国家热带农业科技创新中心
		FAB 康体游乐休闲度假地	全园
		FAD 园林游憩区域	珍稀植物园
		FAE 文化活动场所	全园
		FAH 动物与植物展示地	珍稀植物园
		FAK 景物观赏点	珍稀植物园、热带作物品种园
	FB 单体活动场馆	FBC 展示演示场馆	昆虫体验馆、热带农业生态馆
	FC 景观建筑与附属型建筑	FCI 广场	文化广场、中心广场、热科广场、神农广场
		FCK 建筑小品	日晷、神农广场、休息亭、橡胶长廊
		FCH 碑碣（林）	珍稀植物园、热带百果园

（续）

主类	亚类	基本类型	体现
F 建筑与设施	FD 居住地与社区	FDE 书院	国家热带农业图书馆
G 旅游商品	GA 地方旅游商品	GAA 菜品饮食	自制酸奶、木薯月饼
		GAB 农林畜产品与制品	香料饮料产品
		GAC 水产品与制品	南海水产品
		GAD 中草药材及制品	益智茶、姜黄茶
		GAF 日用工业品	胡椒香水、面膜
		GAG 其他物品	
H 人文活动	HA 人事记录	HAA 人物	何康、神农氏
		HAB 事件	中国橡胶发展史
	HD 现代节庆	HDC 商贸农事节	新农节
数量统计			
6 主类	15 亚类	34 基本类型	

2. 旅游资源评价

（1）景观资源丰度：海口热带农业科技博览园保存有动植物种类 1 600 多种，具有较大的规模和丰度，资源实体完整，原来形态与结构完整性保持很好。

生态农业科技馆：植物 24 科 34 属 36 种，其中双子叶植物纲 18 科 25 属 27 种，单子叶植物纲 6 科 9 属 9 种。

热带百果园：植物 20 科 35 属 54 种，其中双子叶植物纲 19 科 34 属 37 种，单子叶植物纲 1 科 1 属 17 种。

热带作物品种展示园：植物 69 科 114 属 231 种，其中双子叶植物纲 42 科 75 属 151 种，单子叶植物纲 13 科 25 属 60 种，蕨纲 8 科 8 属 12 种；石松纲 1 科 1 属 1 种，木贼纲 1 科 1 属 1 种，苏铁纲 1 科 1 属 2 种，松杉纲 2 科 2 属 2 种，松柏纲 1 科 1 属 2 种；其中粗榧、坡垒属于濒危（EN）物种。

热带国花园：植物 58 科 71 属 75 种，其中双子叶植物纲 44 科 52 属 56 种，单子叶植物纲 10 科 15 属 15 种，蕨纲 1 科 1 属 1 种，松杉纲 2 科 2 属 2 种，银杏纲 1 科 1 属 1 种。

热带海洋生物资源馆：有动物界四门共 162 科 602 种。软体动物门有动物 396 种，其中腹足纲 56 科 299 种，双壳纲 25 科 88 种，多板纲 3 科 3 种，头足纲 2 科 3 种，掘足纲 1 科 2 种。节肢动物门有动物 159 种，其中短尾下目 30 科 136 种，异尾下目 5 科 8 种，口足目 3 科 4 种，龙虾下目 2 科 9 种，等足目 1 科 2 种。棘皮动物门有动物 26 种，其中海胆纲 8 科 15 种，海星纲 6 科 7 种，海参纲 2 科 4 种。脊索动物门有动物 21 种，其中辐鳍鱼纲 13 科 15 属 15 种，珊瑚虫纲 4 科 4 种，爬行纲 1 科 2 属 2 种。

天然橡胶科普馆：双子叶植物纲 5 科 8 属 8 种。

（2）旅游资源的特色：海口热带农业科技博览园有可观赏的动植物群落近百个，珍稀奇特程度较高，其中：

保存的珍稀植物中，被列为国家一级保护的有苏铁、坡垒、海南黄花梨等3种；国家二级保护的有黄檀、粗榧、土沉香、见血封喉等8种；海南省重点保护植物2种。

保存的经济作物中，经济价值较高的树种70多种，诸如橡胶、椰子、木薯、棕榈、咖啡、可可、胡椒、龙眼、荔枝、杧果、香蕉、菠萝蜜（也作波罗蜜）、黄皮、莲雾等。热带药用植物200多种，其中较著名的有槟榔、巴戟、益智、砂仁等。

保存的珍稀海洋资源中，有绿海龟、玳瑁、仿刺参、长砗磲、粗糙鹿角珊瑚、斑海马、六斑刺鲀等一批被列入《世界自然保护联盟》（IUCN）——极危、濒危、易危等名录。

（3）旅游资源价值：海口热带农业科技博览园具有很强的观赏游憩使用价值和历史文化科学艺术价值。

在海口热带农业科技博览园，当迈入天然橡胶科普馆，就犹如走进中国橡胶产业的时间长廊，让游客知悉中国橡胶发展的前世今生，了解中国热带农业科学院是中国橡胶工业发展历史时刻的产物，是培养顶级天然橡胶等热带农业领域专家的摇篮。海口热带农业科技博览园同时是海南省内一次性发布新记录物种最多的地方，更是海南省内第一位院士重要的科研基地，其所获科学成果奖励数量在全省名列前茅。

在海口热带农业科技博览园，丰富的生物多样性能让参观者领略到世界热带农业种质资源库的风采，其收集和保存的热带种质资源具有极高的科学价值及世界意义。它们变化成世界国花国树园、珍稀植物园、城市中的热带雨林，让科学与生活如此精妙的结合，体现出科学家们无穷的智慧。

（4）旅游资源影响力：在海口热带农业科技博览园，拥有的中国热带农业学术研究高地、中国热带农业科学史料库、国家热带农业图书馆等场所，可开展各项高品质、高质量的研学课程，在充分利用园区科学研究资源的基础上，融汇各领域的科学家、学科带头人，能给参与者、体验者一种对科学、对世界的全新认知。

海口热带农业科技博览园自开放以来，以其主题鲜明、特色突出、独创性强的资源和景观，满足休闲旅游消费升级的需要，吸引了来自世界各地的游客和专家学者，促进休闲农业提档升级，具有极好的声誉。海口热带农业科技博览园全年对外开放，受到游客和专业人员的普遍赞美，市场辐射力较强。

三、海口热带农业科技博览园总体规划

（一）园区规划设计

1.海口热带农业科技博览园发展定位 根据海口热带农业科技博览园区位、上位规划和现状分析，基于中国热带农业科学院所具备的科研力量和经济条件，以及城市发展

对园区的功能需求，按照中国热带农业科学院的职责使命，在尊重现状和保护生态的基础上，融入海南自然与文化特色，以满足国家和区域需求，实现多种功能和价值为目的，坚持"开放办园、特色办园、高标准办园"的方针，确定了"国家热带农业科技博览园"的发展定位，旨在将园区打造成为国家热带农业科研殿堂、全球热带农业交流中心和海南形象特色自然展馆。

2. 海口热带农业科技博览园发展目标　在海口热带农业科技博览园定位的基础上，科学制定项目目标，特别是重视植物收集与利用的科学性、科普形式与内容的丰富化、地方历史文化的展示等方面，力求充分体现国家热带农业科技博览园的多元化价值，为进一步规划建设提供方向性指导。

海口热带农业科技博览园总体发展目标：建设成为中国热带农业科学院对外合作展示平台、科技引领示范平台、科技成果转化平台和国际人才交流平台，打造成为海南省会城市精品景区、海南自由贸易港靓丽名片和国际旅游岛高端品牌。

3. 海口热带农业科技博览园规划理念　海口热带农业科技博览园立足世情国情科情农情，遵循农业科技博览园规划基本理念，开展园区农科旅融合发展的规划建设，打造具有科学的内涵、多样的资源、艺术的风貌、文化的底蕴、科普的主题、游憩的空间、使命担当和持续治理的园区，努力促进科学与艺术融合、文化与景观统一、研究与示范并重、启智与体验兼顾。

（1）坚持科学内涵：海口热带农业科技博览园规划首先要有科学的分类系统为结构框架，为热带农业科研服务，为收集、培育、保护的植物创造生境空间。其次在规划构思立意上，要凸显热带植物和相近的植物区系的特征，将科技内涵渗透到植物景观中。

（2）展现多样资源：海口热带农业科技博览园规划是以热带区域重要作物引种保育为基础，以植物物种多样性有效保育为关键技术手段，以科学评价资源的功能研究为目标导向，以植物资源合理利用研发为战略重点，形成丰富的植物群落生境，展现生物多样性。

（3）彰显艺术风貌：海口热带农业科技博览园规划重点突出千姿百态的热带植物特征的观赏性、奇特性、展示性和雅致性。园地设计和布局按观赏景观科学配置植物，引进异域树木、增加花床展示、开展墙体垂直绿化等，面向适应公众娱乐和教育需求方向发展。

（4）感受文化底蕴：海口热带农业科技博览园规划设计注重利用植物的文化内涵营造文化意境，选择具有代表性的植物配置；注重文化环境给园区带来的影响，相对应地增加植物文化与意境的表达，塑造有"个性"的专类园；注重文化的挖掘与创新，传承弘扬热作文化，通过对文化象征的提炼、糅合、创新，促进园区文化宣传和品牌建设。

（5）展示科普主题：海口热带农业科技博览园规划必须以自然区系植物为引种核心，高观赏、高经济价值特色植物为支撑，收集和展示各种植物及标本，完善植物解说系统，传递植物知识和信息，加强社会公众互动参与，普及植物知识、宣传植物价值和功用。

（6）体验游憩空间：海口热带农业科技博览园规划应满足不同年龄、不同兴趣、不同背景的游客对植物和科技体验场所的需求，要善于创新游憩功能，寓教于乐、寓学于乐、寓知识于乐，提升科技认知，引导求新知识，为生活在都市的人群提供自然清新的环境和空间。

（7）体现使命担当：海口热带农业科技博览园规划本着激活带动热区农业经济，促进地方技术流、信息流的汇聚，适应经济、食品、观赏、医药、保健、环保等不同行业的实际需求，通过示范引领农业高新科技成果推广应用，助推当地科技创新和产业升级，促进物种和知识国际交流与合作。

（8）实现持续治理：海口热带农业科技博览园规划遵循绿色规划原则，以"生态、节能、绿色、无害"为目标，打造低碳型景区；遵循设施共享原则，既能为旅游服务，也能为科研服务；遵循智能场景原则，规划建设智慧型旅游景区，推动园区可持续发展，为人类与自然和谐发展作出积极贡献。

4.海口热带农业科技博览园功能布局 在对海口热带农业科技博览园现状梳理改造的基础上，对场馆、水系、地形、道路与植物进行合理规划，构建"一心、两馆、三园、四场、五景、六区、七楼"的总体格局。

一心：指国家热带农业科技创新中心，是园区对外标志建筑。

两馆：指中国热带农业科学院展览馆、国家热带农业图书馆，是园区重点文化窗口。

三园：指热带珍稀植物园、热带国花园、热带百果园，是园区主要观赏景区。

四场：指中心广场、文化广场、热科广场、神农广场，是园区主要集散场所。

五景：指热带生物资源科普馆、热带海岛珍稀药用植物馆、热带生态农业科技馆、热带作物品种资源展示园、天然橡胶科普馆，是园区重点科普场馆。

六区：指植物观赏区、科普展示区、科研实验区、成果转化区、人才孵化区、综合服务区，是园区基本功能分区。

七楼：指热带生物技术研究所科研楼、环境与植物保护研究所科研楼、热带作物品种资源研究所科研楼、海口实验站科研楼、橡胶研究所科研楼、分析测试中心科研楼、科技信息研究所科研楼，是园区主要科研场所。

5.海口热带农业科技博览园景观系统 坚持可持续发展和市场导向的原则，通过了解海口热带农业科技博览园整个空间结构以及设计要素，布局海口热带农业科技博览园景观环境、空间结构、基础服务、游憩空间、植物配置、道路及水电规划等，注重对资源和环境的保护，防止污染和其他公害，因地制宜、突出特点、合理利用，提高社会、经济和环境效益。

海口热带农业科技博览园景观系统规划

6.海口热带农业科技博览园旅游专项规划 为了更好推进海口热带农业科技博览园对外开放旅游，按照《旅游发展规划管理办法》《旅游景区质量等级的划分与评定》等旅游规划技术标准要求，编制海口热带农业科技博览园旅游专项规划——《海口热带农业科技博览园环境景观提升暨创3A景区规划》，提出了海口热带农业科技博览园旅游发展目标，拟订海口热带农业科技博览园旅游的发展规模、要素结构与空间布局，安排海口热带农业科技博览园旅游发展速度，指导海口热带农业科技博览园和协调旅游健康发展。

海口热带农业科技博览园环境景观提升暨创3A景区规划

（二）园区活动项目

海口热带农业科技博览园根据市场需求，通过对园区旅游资源进行宣传、包装和挖掘利用，已开发有热带珍奇生物猎奇游、热带作物观赏休闲游、热带农业科普文化游、热带农业研学实践游、农业高新科技体验游、科技成果交流推广游、科技产品美食品尝游等七条游览线路。主要活动项目如下：

1.观光游览活动　以海口热带农业科技博览园户外景观（热带珍稀植物园、热带国花园、热带百果园）和室内景点（热带作物品种展示园、热带海洋生物资源科普馆、热带海岛珍稀植物馆、天然橡胶科普馆、热带生态农业科技馆）为载体，为广大游客提供观光康体游。

园区景观

主要观光游览活动有："城市雨林深呼吸"、城市雨林漫游。

2.科普研学活动　以海口热带农业科技博览园国家热带农业图书馆、户外景观、室内景点为载体，以中国热带农业科学院科技内涵为核心，开发热带农业科普教育、热带植物文化交流、热带生物研学实践课程，主要针对学生定制研学旅行活动，探访自然科学的奥秘。

主要科普研学活动有："小小植物学家"课程、"未来农业"课程等。

热带海洋资源展览馆

3.科技体验活动 以海口热带农业科技博览园国家热带农业科技创新中心、各科研楼、科技平台、热科广场等为载体，开展科技成果展示，利用全园各种形态收集和保存的活体标本满足游客探奇的需求，针对专业人群提供热带农业科技职业体验。

主要科技体验活动有：做一天科学家、小小科学员、热带植物探秘等。

屯昌中学科技体验活动留影

4.文化交流活动 以海口热带农业科技博览园中国热带农业科学院展览馆、科普馆、会议室等室内景点为载体，把农业科技资源、农业文化遗产融入旅游产品和服务当中，让游客在追寻体验、感受和认知世界和中国热带农业科学发展历史、热带作物发展历史的过程中传播文化。

主要文化交流活动有：聆听历史讲座、科学论坛交流、文化专题展览等。

海口山高学校文化交流活动留影

5.园区特色活动 以海口热带农业科技博览园科技体验馆、广场等场所为载体，对接市场、挖掘需求，搭建线下和线上销售平台，举办科技产品展销、科技成果推介对接、娱乐活动、特色饮食等专题活动，针对入园人群以吸引体验消费为主。

主要园区特色活动有：科技沙龙、特色咖啡品饮等活动。

兴隆咖啡品饮活动

海口热带农业科技博览园景观建设

一、海口热带农业科技博览园建设历程

（一）农业旅游景区建设

1.农业旅游景区建设原则

（1）依法开发的原则：农业旅游开发建设必须遵循《农业技术推广法》《种子法》《动物防疫法》《草原法》《渔业法》《生态资源法》《野生动物保护法》《进出境动植物检疫法》《森林法》《乡村振兴法》《农村土地承包法》等相应的法律法规和规章制度，可以使开发建设得到有效的保障。

（2）开发与保护相结合原则：农业旅游景区建设应力求做到与自然景观相协调，促进生态农业与旅游业协调发展，不得破坏景观和污染环境。应充分利用丰富的动植物资源，体现自然与人和谐统一的生态之美、自然之美及乡土之奇，使农业旅游与生态环境相辅相成。

（3）资源开发与协调互补原则：农业旅游景区建设应以突出独特性、新颖性为原则，避免单调和重复建设，注重景点与周围环境互补结合，形成自然景观与农业旅游景观的和谐统一。

（4）生态承载力控制原则：农业旅游资源及环境对其旅游开发和利用都有一个承载力的范围，超出这一范围，农业旅游资源及环境就会受到破坏。因此，应该把旅游活动强度和游客进入数量控制在资源及环境的"生态承载力"范围内。

（5）资源完整性保持原则：在农业旅游开发时，要尽量保持旅游资源的原始性和真实性，不仅表现大自然的原生韵味，而且保护当地特有的传统文化，避免把城市现代化建筑移植到旅游区，因过度开发造成文化污染。

（6）生态环境教育原则：农业旅游与传统大众旅游最大区别之一是对游客的环境教育功能。旅游开发时，必须认真考虑在旅游区设计一些能启迪游客环保意识的设施和旅游项目。

（7）资源和知识有价原则：只有充分认识"资源有价"，开发者、管理者、旅游者才会自觉地去保护旅游资源。只有让资源占旅游开发效益的一部分，这种保护才有经济支撑。"资源有价"能减少传统大众旅游的粗放性开发，避免开发中的破坏，同时还能避免低水平管理所带来的破坏。

（8）节约资源能源原则：节约资源即开发中以"消耗最小"为准则，适度消费，以达到最大限度地限制生产向环境中排放废物，将其不利影响控制在环境承载力范围之内。一要开展垃圾污水等废弃物综合治理，实现资源节约、环境友好；二要提倡利用可再生资源，如太阳能、风能、潮汐能等，倡导尽量使用不会造成污染的建筑材料。

（9）经济效益回投原则：为了使保护资源环境落到实处，农业旅游所得的经济收入要回投到环境中，用于保护和修复因旅游造成对环境的不利影响，保证其具有可持续利用的潜力。

（10）技术标准培训原则：保护要落到实处，促进旅游从业人员的管理服务水平提升是保证。积极开展乡村休闲旅游业标准、保护意识和保护知识的技术培训，保护农业旅游可持续开发。

（11）保护游客的原则：游客作为消费者，其合法权益应该得到保护。为此，在旅游开发的市场营销上，一定要坚持对游客负责任的态度，为游客提供真实信息，以保证游客的合法旅游消费利益。

（12）其他原则：农业旅游资源开发利用中，还应注意其他一些原则，如突出农业地域特色原则、兼顾观光与参与并重原则、增加农业科学内涵原则、地域综合开发原则、可持续开发原则等。

2.农业旅游景区建设依据　休闲农业和乡村旅游是农业供给侧结构性改革的重要内容，是农业农村经济发展的新动能。党中央、国务院高度重视休闲农业和乡村旅游发展，2010年，农业部出台了《全国休闲农业发展"十二五"规划》，并与旅游局联合推进了休闲农业与乡村旅游示范县创建活动，至此，我国休闲农业步入了快速发展阶段。2015年以来，中央1号文件连续多次提出要大力发展休闲农业和乡村旅游，使之成为繁荣农村、富裕农民的新兴支柱产业。国务院办公厅在加快转变农业发展方式、推进农村一二三产业融合发展、促进旅游投资和消费、支持返乡下乡人员创业创新的四个意见中都强调，要大力发展休闲农业和乡村旅游，推进农业与旅游、教育、文化、健康养老等产业深度融合。为贯彻党中央、国务院的文件精神，2015年农业部联合财政部等11个部门印发《关于积极开发农业多种功能　大力促进休闲农业发展的通知》（农加发〔2015〕5号），2016年联合国家发展改革委等14部门印发了《关于大力发展休闲农业的指导意见》（农加发〔2016〕3号），指导全国休闲农业和乡村旅游有序发展。

2017年农业部办公厅印发了《关于推动落实休闲农业和乡村旅游发展政策的通知》（农办加〔2017〕15号），强调各级休闲农业管理部门要加强沟通协调，进一步将政策细化实化，切实提高政策的精准性、指向性和可操作性，推动各项政策落地生根，促进休闲农业和乡村旅游业多样化、产业集聚化、主体多元化、设施现代化、服务规范化和发展绿色化。党中央、国务院和相关部门的文件和意见的相继出台，标志着全国休闲农业和乡村旅游政策体系框架的形成，为休闲农业和乡村旅游发展营造了良好

环境。

2018年11月，为深入贯彻落实《中共中央　国务院关于实施乡村振兴战略的意见》（中发〔2018〕1号）和《乡村振兴战略规划（2018—2022年）》文件精神，文化和旅游部等17部门关于印发《关于促进乡村旅游可持续发展的指导意见》，强调乡村旅游是旅游业的重要组成部分，是实施乡村振兴战略的重要力量，在加快推进农业农村现代化、城乡融合发展、贫困地区脱贫攻坚等方面发挥着重要作用。加快实施乡村旅游精品工程，推动乡村旅游提质增效，促进乡村旅游可持续发展，加快形成农业农村发展新动能。

2020年7月，为深入贯彻党中央、国务院决策部署，加快发展乡村产业，依据《国务院关于促进乡村产业振兴的指导意见》要求，农业农村部编制了《全国乡村产业发展规划（2020—2025年）》，明确产业兴旺是乡村振兴的重点，是解决农村一切问题的前提。乡村休闲旅游业是农业功能拓展、乡村价值发掘、业态类型创新的新产业，横跨一二三产业、兼容生产生活生态、融通工农城乡，发展前景广阔。依据自然风貌、人文环境、乡土文化等资源禀赋，建设特色鲜明、功能完备、内涵丰富的乡村休闲旅游重点区。

2021年8月，为贯彻落实党中央、国务院推进农业绿色发展决策部署，加快农业全面绿色转型，持续改善农村生态环境，依据《中共中央　国务院关于全面推进乡村振兴加快农业农村现代化的意见》，农业农村部、国家发展和改革委员会、科学技术部、自然资源部、生态环境部、国家林草局编制了《"十四五"全国农业绿色发展规划》，强调以构建绿色低碳循环发展的农业产业体系为重点，强化科技创新集成，推进农业资源利用集约化、投入品的减量化、废弃物资源化、商业模式生态化，构建人与自然和谐共存的农业发展新格局，为全面推进乡村振兴、加快农业现代化提供政策支撑。

（二）海口热带农业科技博览园建设大事记

1. 启动海口热带农业科技博览园基础条件建设与改造　2011年中国热带农业科学院总部从海南省儋州市搬迁到海口市海口院区，从此拉开了海口热带农业科技博览园场馆等基础条件规划建设。2012年12月，海口热带农业科技博览园标志性场馆国家热带农业科技创新中心开工建设。2013—2017年，重点开展环境与植物保护研究所科研楼、热带作物品种资源研究所科研楼、橡胶研究所科研楼、分析测试中心科研楼、科技信息研究所科研楼等园区主要科研场所，热带珍稀植物园、热带国花园、热带百果园等园区主要观赏景观，以及中心广场、文化广场、热科广场、神农广场等园区主要集散场所的建设。2017年7月，中国热带农业科学院热带植物园联盟在海口热带农业科技博览园成立。2018年6月，国家热带农业科技创新中心正式启用。

国家热带农业科技创新中心开工仪式

中国热带农业科学院热带植物园联盟成立大会

2. 开展海口热带农业科技博览园景区规划和建设　2015年，中国热带农业科学院委托专业设计机构编制海口热带农业科技博览园环境景观提升暨创3A景区规划。2016—2019年，中国热带农业科学院开展了历史文化展览馆、国家热带农业图书馆等园区重点文化窗口，热带海洋资源展览馆、热带海岛珍稀植物馆、热带生态农业科技馆、热带作物品种展示园、天然橡胶科普馆等园区重点科普场馆，以及游客服务中心、游客集散广场、停车场等接待服务设施的建设。

2019年海口院区环境建设推进会

中国热带农业科学院职员参与环境整治活动

3. 海口热带农业科技博览园获批建设国家热带植物种质资源库　2019年5月，科学技术部、财政部联合发布了国家科技资源共享服务平台优化调整名单，依托中国热带农业科学院热带作物品种资源研究所建设的"国家热带植物种质资源库"获批建设。该种质资源库是30个国家生物种质与实验材料资源库之一，标志着中国热带农业科学院在热带植物种质资源研究领域占据重要地位，为热带作物种业科技创新、热区农业技术进步和社会发展提供高质量的热带植物种质资源共享服务，为国家"一带一路"、国家热带农业科学中心以及全球动植物种质资源引进中转基地等建设提供基础支撑。

4. 启动海口热带农业科技博览园国家3A级景区创建工作　2020年1月，中国热带农业科学院启动海口热带农业科技博览园试运行和3A级景区创建工作，并组建海口热带农业科技博览园领导小组、运营管理中心、3A级景区创建工作小组，推动该项工作的开展。重点开展海口热带农业科技博览园旅游资源调查与评估，旅游产品策划及开发，完善景观提升和完善服务接待设施，补充基本功能分区内涵，开展景区安全现状评价报告，提交海口热带农业科技博览园景区创建备案材料，构建管理制度建设和组织服务功能业务内训，启动《海口热带科园运行管理方案》内测活动，举办海口热带农业科技博览园运行管理研讨会。

2020年热带植物园创新联盟年会暨海口热带农业科技博览园研讨会

5. 海口热带农业科技博览园正式投入市场运行对外开放 经过近十年开发建设，海口热带农业科技博览园已打造出宜游、宜学、宜研的旅游吸引力。2020年11月，海口市旅游和文化广电体育局批准海口热带农业科技博览园旅游景区备案。2021年1月1日，由中国热带农业科学院王庆煌院长与海口副市长凌云共同为海口热带农业科技博览园新大门揭牌，园区正式投入市场运行，接待八方来客。自开业以来，受到各方关注，特别是中小学生研学旅行活动，形成了海南琼北地区特色研学品牌。

海口热带农业科技博览园开园揭牌仪式

6. 海口热带农业科技博览园成功创建国家3A级旅游景区 2021年1月28日，中国热带农业科学院向海口市旅游和文化广电体育局提交海口热带农业科技博览园创建国家3A级旅游景区的请示。2021年2月8日，海口市旅游和文化广电体育局组织专家对海口热带农业科技博览园申报国家3A级旅游景区开展初评。2021年4月9日，海南省旅游资源规划开发质量评定委员会

海口热带农业科技博览园"国家3A级旅游景区"认定证书

组成评定组对海口热带农业科技博览园申报国家3A级旅游景区进行现场评定。2021年6月17日，海口热带农业科技博览园被海南省旅游资源规划开发质量评定委员会正式认定为"国家3A级旅游景区"。

7. 海口热带农业科技博览园获批认定人才培养基地 中国热带农业科学院在海口热带农业科技博览园打造具有区域示范作用的热带农业人才培训基地，为我国热区乡村振兴和热带农业"走出去"提供强有力支撑。2014年3月，获科学技术部认定为"创新人才培训示范基地"；2014年6月，获联合国粮农组织（FAO）认定为"热带农业研究培训参考中心"；2017年6月，获农业部认定为"全国新型职业农民培育示范基地"；2017年6月，获农业部认定为"农业对

国家技术转移人才培养基地认定牌匾

外合作科技支撑与人才培训基地"；2020年7月，获科学技术部认定为"国家技术转移人才培养基地"。

8. 海口热带农业科技博览园获批认定科普教育基地 海口热带农业科技博览园为发挥科普场馆或基地在普及科学知识、传播科学思想、倡导科学方法、弘扬科学精神的作用，进一步加强园区科普教育基地建设。2021年3月24日，获海口市科学技术工业信息化局认定为"海口市科普场馆"。2021年9月19日，海南省"全国科普日"活动启动仪式暨科普主题展在海口热带农业科技博览园拉开帷幕。现场举行了海南省科普教育基地

海南省"全国科普日"活动启动仪式暨科普主题展

（2021—2025年）等授牌仪式，海口热带农业科技博览园获海南省科学技术协会认定为"海南省科普教育基地"。

9.海口热带农业科技博览园获批认定中小企业公共服务示范基地 海口热带农业科技博览园致力于聚集各类创业创新服务资源，以中小企业需求为导向，搭建为小微企业提供信息、技术、创业、培训、融资等有效服务支

海南省科普教育基地认定牌匾

撑的载体和场所。2020年6月19日，获海南省工业和信息化厅认定为"海南省小微企业创业创新示范基地"，2021年8月2日，获海南省工业和信息化厅认定为"海南省中小企业公共服务示范平台"。2021年5月14日，获海口市政府批准建设知识产权服务业集聚区。

（三）上级领导对园区工作的指导

2019年4月11日，全国政协经济委员会副主任（时任农业农村部部长）韩长赋到中国热带农业科学院调研及考察海口热带农业科技博览园。

韩长赋对中国热带农业科学院近年来取得的成绩和为国家热带农业发展作出的贡献给予了充分肯定和高度评价，希望中国热带农业科学院着力解决热带农业方向性、战略性和关键性的技术瓶颈，突破一批重大基础领域和关键共性技术，加快建设世界一流的热带农业科技创新中心。

韩长赋一行在中国热带农业科学院领导的陪同下，先后考察了中国热带农业科学院环

境与植物保护研究所、热带作物品种资源研究所和橡胶研究所，了解热带生态循环农业、植物保护、种质资源收集保存创新利用研究进展及橡胶产业发展等情况，充分肯定了中国热带农业科学院为国家热带农业发展作出的贡献，要求继续面向世界热带科技基础前沿，从一流的品种、一流的标准、一流的技术、一流的人才四个方面发力，加快建设世界一流的热带农业科技创新中心。他尤为关注种业创新，指出热带作物种质资源研究非常重要，要走出国门，在世界热区范围内开展热带作物种质资源收集保存创新利用工作。

时任农业农村部副部长余欣荣，农业农村部党组成员、时任中国农业科学院院长唐华俊，海南省副省长刘平治等陪同考察。

2021年5月8日，农业农村部部长唐仁健到中国热带农业科学院调研及考察海口热带农业科技博览园。

唐仁健先后到中国热带农业科学院儋州院区、海口院区调研，详细了解中国热带农业科学院在热带农业种质资源收集保存与创新利用、科技创新与成果转化、支撑服务热区"三农"发展、助推热带农业"走出去"等方面的工作进展。他强调，中国热带农业科学院在热带农业科学研究领域人才济济、成果累累，为我国热带农业产业发展和服务国家科技外交作出了重要贡献。中国热带农业科学院在热带农业科学研究专业领域与功能不可替代，在"三农"发展、乡村振兴中的地位不可或缺。

唐仁健强调，要深入贯彻落实习近平总书记关于科技创新系列重要讲话精神，聚焦"三农"重点领域，坚持"立足中国热区、面向世界热区"的战略发展布局，加快热带农业科技创新步伐，全力打造国家热带农业科学中心；要瞄准天然橡胶、热带水果等产业发展中重点难点问题，加大核心技术攻关力度，推进名特优新品种、新技术、新模式研发应用，不断提高热带特色农业产业发展质量效益和竞争力，为热区乡村全面振兴和加快农业农村现代化提供更有力支撑。

海南省政府副省长刘平治，农业农村部总经济师、办公厅主任魏百刚等陪同调研。

2021年1月6日，教育部部长（时任中国科协党组书记、常务副主席）怀进鹏到中国热带农业科学院调研及考察海口热带农业科技博览园。

怀进鹏一行深入调研了热带作物品种资源展示园、海口热带农业科技博览园、中国热带作物学会科技工作者之家，参观了院展览馆，了解中国热带农业科学院科研进展、科学普及、国际合作、成果转化、院情院史、中国热带作物学会建设等情况。他充分肯定中国热带农业科学院保障国家天然橡胶等战略物资和工业原料、热带农产品的安全有效供给，促进热区农民脱贫致富和服务国家农业对外合作作出的突出贡献。

怀进鹏表示，中国热带作物学会，在中国热带农业科学院的大力支持下，坚守特色，发挥优势，团结全国广大热带农业科技工作者，在推进我国热带农业发展中取得良好成绩。他指出，要抓住历史机遇，在海南自由贸易港建设中找准定位，强化协同创新，探索以学会为基础，依托中国热带农业科学院优势，联合政府、科研院校、科协组织和国际组织等多方力量，创立国际型科技组织，创办国际一流专业期刊，组织"种业与生态"科技高峰论坛，推动国际科技组织总部落地等，构建科技创新、人才培养、产业服务、国际合作"四位一体"发展平台，形成"以种业支撑生态，以生态涵养种业"的可持续发展模式，推动绿色生态发展和种业进步。

怀进鹏强调，以中国热带农业科学院为首的我国广大热带农业科技工作者不懈奋斗和创新创造，取得了十分丰硕成果，希望中国热带农业科学院、中国热带作物学会继续发挥科技引领作用，广泛开展热带农业科学普及工作，利用好国家每年开展科普活动节日，做好特色热带作物科普活动，让更多的人了解热带农业，了解我国热带农业发展成就，为满足人们美好生活需要、为人们大健康服务。

中国科学技术协会、海南省科学技术协会、中国热带作物学会相关负责人，中国热带农业科学院相关部门及海口院区各单位负责人参加调研和座谈。

2021年3月29日，全国政协农业和农村委员会副主任张勇到中国热带农业科学院调研及考察海口热带农业科技博览园。

张勇一行参观了中国热带农业科学院展览馆，实地调研考察中国热带农业科学院热带作物品种资源研究所、海口热带农业科技博览园等，了解中国热带农业科学院围绕热带农业种质资源收集保存、种子库建设、种质资源助力种业创新等情况，以及在热带农业种质资源开发利用、种质资源共享利用等方面的经验和做法、面临的困难和建议。

调研组对中国热带农业科学院长期以来积极扛起服务国家战略的责任担当，加强农业种质资源保护利用工作给予肯定，在热带农业种质资源收集保存、鉴定评价、创新利用和热带作物优势产业带打造等方面取得了积极成效，开展种源"卡脖子"技术攻关，推动南繁科研育种事业发展，为我国种业创新和粮食安全作出了重要贡献。热带作物种质资源保护与利用是一项长期而艰巨的任务，希望中国热带农业科学院强化热区种质资源的集中统一管理，加大资源圃（库）的建设，使之成为全球动植物种质资源引进中转基地重要组成部分，为打造全球热带作物种业中心打下基础，为打好种业"翻身仗"提供坚实的科技支撑和保障。调研组表示，将认真总结梳理调研有关情况，积极反映意见建议，助力推动建设种业强国。

2018年12月1日，海南省委书记（时任海南省省长）沈晓明到中国热带农业科学院调研及考察海口热带农业科技博览园。

沈晓明先后到中国热带农业科学院环境与植物保护研究所、热带生物技术研究所和中国热带农业科学院展览馆，详细地了解中国热带农业科学院发展历程、人才队伍建设、重大科研成果、国际合作交流，并实地考察实验室建设、科研创新平台发展、成果转移转化等工作。随后，他主持召开座谈会，听取了院领导关于中国热带农业科学院工作开展情况、国家热带农业科学中心建设、南繁工作、天然橡胶和香辛饮料等领域科技发展、

农产品加工、槟榔黄化病课题攻关等情况介绍。

沈晓明说，中国热带农业科学院取得了历史性成就，从"一棵橡胶树"开始，已经发展成为专业门类齐全、科研实力雄厚、在国内外有影响力的科研院所，是科技创新的主力、热带农业发展的技术支撑和海南农业对外开放的重要桥梁，为海南经济社会发展作出了重要贡献。

沈晓明指出，中央赋予海南经济特区改革开放新的使命，对热带农业和热带农业科技发展提出了新要求、提供了新机遇，希望中国热带农业科学院牢记艰苦创业的历史，不忘初心、发挥海南打造热带特色高效农业王牌的主力军作用，在海南新的历史阶段再创新业绩。一是联合国内外优势科教力量，引进优秀人才和团队，在开放性、协同性、先进性上下功夫，着力推进国家热带农业科学中心建设。二是围绕槟榔黄化病、淡季蔬菜生产、三角梅品种选育、化肥农药使用、撂荒地复耕等海南热带农业重点难点问题进行科研攻关，助推海南热带农业发展。三是与海南大学等海南教学科研单位密切合作，合力培育世界一流的热带农业特色学科。四是积极参与南繁科技城建设。海南省政府支持中国热带农业科学院建设南繁研究院，推动种业科技联合攻关取得新突破。五是用好海南人才政策积极引进优秀人才，创新体制机制、释放科技人员创新创造活力。

海南省副省长刘平治，海南省省政协副主席、科技厅厅长史贻云等参加调研。

2021年7月16日，海南省省长冯飞到中国热带农业科学院调研及考察海口热带农业科技博览园。

冯飞先后调研中国热带农业科学院展览馆、热带生物技术研究所、热带作物品种资源研究所、分析测试中心和橡胶研究所，高度赞赏了中国热带农业科学院在科技创新、成果转化、人才培养和国际合作等方面取得的突出成绩，对中国热带农业科学院在助推海南乡村振兴、服务国家"一带一路"建设中作出的重要贡献给予充分肯定。

冯飞强调，中国热带农业科学院应国家战略而生、为国家使命而战，始终致力于热区农业发展、农民增收、农村富裕，是国家倚重的重要战略科技力量，要深入贯彻落实习近平总书记关于"三农"工作和科技创新重要论述精神，聚焦国家粮食安全"国之大者"，加强种业核心关键技术攻关，破解热带农业种业"卡脖子"问题。要强化科技创新，引领支撑海南"三棵树"产业发展，实现热带农业规模化、标准化、生态化、品牌化，不断提高热带特色农业产业质量、效益和竞争力。要利用好海南自由贸易港政策，加快推进科技体制机制改革，大胆创新、敢闯敢试，强化与龙头企业合作，实现要素重组、优势互补，推动科研成果转移转化，为海南全面推进乡村振兴、加快农业农村现代化作出新的更大贡献。

海南省人民政府副省长王路、省政府研究室主任陈际阳、省科技厅党组书记国章成等参加调研。

2021年9月16日，中国科学技术协会党组书记、副主席、书记处第一书记张玉卓到中国热带农业科学院调研及考察海口热带农业科技博览园。

张玉卓参观了中国热带农业科学院展览馆，实地考察了海口热带农业科技博览园、热带海洋生物资源展览馆、热带海岛珍稀药用植物馆，深入了解中国热带农业科业院的院情院史、科研进展、科学普及、国际合作、成果转化等情况。调研中，张玉卓就贯彻落实习近平总书记关于科技创新重要论述、打造国家热带农业科学中心重要指示精神与科研人员进行深入交流。

张玉卓充分肯定了海南省科协在服务科技工作者、服务创新驱动发展、服务全民科学素质提高、服务党和政府科学决策中发挥的积极作用，充分肯定了中国热带农业科学院在保障国家天然橡胶等战略物资和工业原料、促进热区农民脱贫致富和服务国家农业对外合作等方面取得的显著成绩。他表示，党中央坚持创新在我国现代化建设全局中的核心地位，把科技自立自强作为国家发展的战略支撑，把科技创新摆在各项规划任务的首位，这是时代赋予科技界的重大使命。海南科协要充分发挥桥梁纽带作用，扎实联系好、服务好、团结引领好广大科技工作者，贯彻落实习近平总书记"七一"重要讲话精神和关于科技创新的重要论述，服务海南科技创新和自由贸易港建设。中国热带农业科学院要充分发挥人才和专业优势，着力打造国家热带农业科学中心，服务国家农业对外合作。

中国科学技术协会、海南省科学技术协会、中国热带农业科学院有关人员参加调研。

2020年9月6日，国家人力资源和社会保障部副部长汤涛到中国热带农业科学院调研及考察海口热带农业科技博览园建设工作。

汤涛先后调研了中国热带农业科学院展览馆、热带生物技术研究所博士后科研工作站等，详细了解了中国热带农业科学院近70年的发展历程，充分肯定了中国热带农业科学院"应国家战略而生，为国家使命而战"的责任担当和重要贡献。他表示，下一步，国家人力资源和社会保障部将在政策和平台建设等方面给予中国热带农业科学院更大的支持，支持中国热带农业科学院打造高水平创新队伍，并享受海南自由贸易港人才配套支持政策。

2018年11月15日，农业农村部副部长张桃林到中国热带农业科学院调研及考察海口热带农业科技博览园建设工作。

张桃林仔细听取了院领导班子成员关于中国热带农业科学院基本情况、国家热带农业科学中心建设、南繁工作、中央级农业科研机构绩效评价改革试点工作进展情况的汇报，对中国热带农业科学院取得的成绩给予充分肯定。张桃林指出，热带农业科学院有着光荣的历史和优良的传统，近年来，院领导班子积极推进院所改革发展，院容院貌焕然一新，科研基础条件大幅提升，院所综合治理体系进一步完善，成效显著。

张桃林强调，党中央高度重视改革，始终把改革放在治国理政的突出重要位置，近年来密集出台了一系列关于改革的意见和办法，对农业科技提出了新要求。特别是，习近平总书记在海南的"4·13"重要讲话和中央12号文件，赋予海南经济特区改革开放新

的重大责任和使命，农业农村部也将出台《关于贯彻落实〈中共中央　国务院关于支持海南全面深化改革开放的指导意见〉的实施方案》，海南的发展迎来了新的机遇期。面对新形势新任务，中国热带农业科学院要认真贯彻落实习近平总书记"4·13"重要讲话精神和农业农村部的部署要求，结合院所发展实际，努力推进科技体制机制改革，做好绩效评价改革试点工作，构建院所现代综合治理体系。同时，要站在促进学科发展的全局，加强顶层设计和谋划，占领热带农业科学制高点，推动热带农业高质量、绿色发展。

张桃林对中国热带农业科学院发展寄予厚望，他表示，农业农村部将全力推进国家热带农业科学中心建设工作，希望中国热带农业科学院紧紧抓住建设国家热带农业科学中心、实施乡村振兴战略和"一带一路"建设等重大历史机遇，建设国家热带现代农业基地，推进热带农业对外开放，创建世界一流的热带农业科学中心，为促进我国乃至世界热带农业科技发展作出贡献。

张桃林还参观了中国热带农业科学院海口院区和展览馆，考察了环境与植物保护研究所、橡胶研究所，与科技人员亲切交谈，详细地了解热带农业生态学、植物保护研究进展及橡胶产业发展等情况。

2020年6月1日，农业农村部副部长刘焕鑫到中国热带农业科学院调研及考察海口热带农业科技博览园。

刘焕鑫先后到热带作物品种资源研究所、橡胶研究所、中国热带农业科学院展览馆调研，与相关负责人和科研专家亲切交谈，详细地了解科研情况。他指出，中国热带农业科学院底蕴深厚，科研队伍能吃苦、能战斗，热作研究系统全面、成绩斐然。

现场调研后，刘焕鑫与在家院领导、中层管理干部和有关专家座谈交流。他指出，中国热带农业科学院创业艰辛，成果丰硕，发展潜力巨大。党中央国务院对热带农业工作高度重视，希望中国热带农业科学院紧紧抓住海南自由贸易港建设重大历史机遇，加快建设国家热带农业科学中心，为促进我国和世界热带农业科技发展作出新的更大的贡献。

刘焕鑫强调，中国热带农业科学院要发挥资源优势，积极创新工作方法，争取"十四五"期间各项工作再登新台阶。一是科研创新登上新台阶，产出更多世界级成果，打造一批科技亮点工程。二是技术推广登上新台阶，加大推广力度，提供技术支撑，投身现代热带农业建设主战场，造福中国热区农民。三是人才培养登上新台阶，坚持产学研相结合，通过科学研究带动人才能力水平提升。四是对外合作登上新台阶，让热带农业技术惠及国际民生，服务国家外交总体战略，增强国家在世界的话语权。五是党的建设登上新台阶，把政治建设放在首位，坚决贯彻以习近平同志为核心的党中央部署要求，推动党建和业务工作融合，围绕中心抓党建，抓好党建促发展。

农业农村部总经济师魏百刚等陪同调研。

2021年4月19日，国家市场监督管理总局副局长、国家标准化管理委员会主任田世宏到中国热带农业科学院调研及考察海口热带农业科技博览园。

田世宏表示，此次调研旨在深入贯彻落实习近平总书记"4·13"重要讲话精神，推动海南自由贸易港建设。通过实地调研，了解热带农业国际国内标准化工作现状、标准化助力成果转化方面的进展及存在问题，更好地支持标准化工作。他希望中国热带农业科学院更加积极主动开展热带作物国际标准化工作，广泛参与热带领域国际标准化活动，扩大天然橡胶、咖啡等作物领域的国际话语权。

王斌副省长对中国热带农业科学院立足海南、服务地方经济发展作出的贡献表示充分肯定。他指出，中国热带农业科学院在热带作物及其制品标准化和助力成果转化方面取得了突出成效。在中国热带农业科学院支持下，海南省编制完成了椰子、槟榔、芒果、咖啡等全产业链标准体系建设方案，对推动相关产业高质量发展具有重要意义。他希望中国热带农业科学院继续发挥热带农业国家队的作用，加强协同协作，为推动海南自由贸易港建设作出更大贡献。

田世宏、王斌一行还参观考察了院展览馆、海口热带农业科技博览园。

2021年7月20日，科学技术部党组成员、科技日报社社长李平到中国热带农业科学院调研及考察海口热带农业科技博览园。

李平一行参观了中国热带农业科学院展览馆，实地调研考察了海口热带农业科技博览园，深入了解院的发展历史、科技创新、成果转化、人才队伍、服务"三农"与合作交流等情况。李平对中国热带农业科学院创建世界一流的热带农业科技创新中心，推进热区乡村振兴和农业农村现代化作出的贡献给予充分肯定。他指出，中国热带农业科学院是我国唯一的国家级热带农业科研机构，科技日报社是国家科技宣传主阵地，双方具有很强的互补性，希望双方加强合作，扩大科技宣传，讲好热带农业科技故事，传播中国热带农业科学院声音。

2021年9月24日，科学技术部党组成员陆明到中国热带农业科学院调研及考察海口热带农业科技博览园。

陆明先后调研院展览馆、珍稀植物园、热带海洋生物资源展览馆、热带海岛珍稀药用植物馆，听取热带农业科学院关于省部共建国家重点实验室筹建与引智工作情况汇报。他指出，热带农业科学院人才与引智工作成绩突出，要进一步加大引才引智工作力度，不断提升科技创新能力，为热区经济社会发展提供强有力支撑。

二、海口热带农业科技博览园景观建设

（一）园区资源景观建设

1. **"一心"——国家热带农业科技创新中心** 国家热带农业科技创新中心是我国热带农业科研大协作平台，也是世界热带农业科技创新高地。作为热带农业科技力量担当者，致力于提升科技自主创新能力，增强对外开放合作能力。

国家热带农业科技中心全景

2. "两馆"——中国热带农业科学院展览馆、国家热带农业图书馆

（1）中国热带农业科学院展览馆：中国热带农业科学院展览馆面积540米^2，由3个展厅组成，以中国热带农业发展为主线，采用平面媒体、电子影音、立体造型等方式多方位多角度的呈现中国热带农业科学发展中发生的重要事件、重要人物、重要时间节点、重要成果等内容。不仅展示了中国热带农业发展历程和最新成果，更是传递了胸怀祖国、无私奉献、勇攀高峰的热带农业科学院科学家精神。这不仅仅是热带农业科学院的历史，更是中国热带农业从零崛起到走向世界，服务国家、造福人类，载入史册的重要记载。

中国热带农业科学院展览馆

中国热带农业科学院展览馆展厅

（2）国家热带农业图书馆：国家热带农业图书馆面积3 200米²，主要由国家热带农业图书馆特色书库、热带农业科学文献展示馆、热带农业科学知识传播中心及其配套设施组成。主要对外开展热带农业科技、热带农业图书、数字热农档案、智慧热农文献等科学文献传播与知识共享服务。

国家热带农业图书馆

特色书库共8个书库和2个阅览室，收集了20世纪50年代以来有关热带农业方面的主要出版物，有电子图书50多万种、纸质图书22万册，其中农业专业图书3万册，期刊2 000余种，报纸200多种；引进国内外热带农业方面的数据库及大型科技文献数据库40

余个，其中外文数据库包括世界三大农业数据库及全文数据库、热带农业数据库、食品科技数据库、国际生物学权威数据库及全文数据库等。科学文献展示馆分别有科技档案展示、图书标本展示和热农文创产品展示。科学知识传播中心有融媒体演播中心、图文服务与新媒体"久久（GUGU）"工作室等。

3. "三园"——热带珍稀植物园、热带国花园、热带百果园

（1）热带珍稀植物园：热带珍稀植物园是海口热带农业科技博览园三园之一，园内绿树成荫，植被茂密，是一座展示典型热带植物特征、普及热带植物知识的微型植物园、都市热带雨林。布局有濒危名木区、特色香料区、特色饮料区、特色果树区、特色棕榈区、特色南药区、沙生植物区、水生植物区、热带兰花区、特色竹林区、省花省树区等小区，保存有南方红豆杉、黑桫椤、海南苏铁、海南石梓等国家重点保护植物，黄花梨、楠木、鸡翅木、铁力木、沉香、檀香、坡垒、母生、青皮等珍贵名木。

热带珍稀植物园

（2）热带国花园：热带国花园是海口热带农业科技博览园三园之一，镶嵌在园中各处。国花作为一种文化符号，是一个国家的象征与代表。本园保存展示有世界五大洲50多个热带国家国花，如塞内加尔猴面包树、新加坡卓锦万代兰、缅甸橙红龙船花、古巴姜花、老挝白色鸡蛋花、泰国腊肠树、阿根廷鸡冠刺桐、马达加斯加凤凰木等，每种国花都饱含寓意，有的象征着不朽、生命、勇气，有的象征勇敢、成长、爱和美丽，是观赏和了解世界热区国家人文历史启蒙之花，也是提高居民生活素养的休闲之花。

热带国花园

（3）热带百果园：热带百果园是海口热带农业科技博览园三园之一，保存展示果树品种60多种。园里果树千姿百态，香气四溢，既是热带水果荟萃的大观园，更是集"教学科研、资源保护、科普教育、休闲观光"为一体的热带果树科普基地。漫步其中，可与"水果之王"榴莲来一场奇妙的偶遇，还能邂逅"果中王后"山竹，还有"甜过初恋"的人心果，"减肥神器"油梨，"解酒圣品"神秘果，"胜似黄金"的黄晶果，"长生不老"的树葡萄等稀优果树等您探索。一棵果树，一份赠予，一段故事，来到这里，琼果与朝阳并赏，浩叹人间好时节。

热带百果园

4. "四场"——中心广场、神农广场、文化广场、热科广场 中心广场以展现科技创新为主题，神农广场以传承农耕文化为主题，文化广场以弘扬园区精神风貌为主题，热科广场促进科技成果转化为主题。四个不同主题的广场营造了不同的文化底蕴。

中心广场

神农广场

文化广场

热科广场

5. "五景"——热带作物品种资源展示园、热带生物资源科普馆、热带海岛珍稀药用植物馆、热带生态农业科技馆、天然橡胶科普馆

（1）热带作物品种资源展示园：热带作物品种资源展示园是海口热带农业科技博览园五景之一，占地1 700米²，是一座展示热带植物多样性的现代化温室。园内分设热带粮食、热带花卉、热带瓜菜、南药、热带牧草、热带畜牧等热带作物新品种新技术展示区，既是世界各地热带作物种质资源收集保存基地、优良资源创新利用平台、新品种推广的展示窗口，也是都市市民开展优势特色热带作物科普教育和观光旅游的好去处。

热带作物品种资源展示园

（2）**热带生物资源科普馆**：热带生物资源科普馆是海口热带农业科技博览园五景之一，占地900米^2，以展示南海海洋动物资源为主的科普展馆。共分为棘皮动物标本展示区、贝类标本展示区、甲壳类标本展示区、海洋动物活体展示区等，收集各种海洋动物标本600多种，其中贝类约400种，甲壳类160余种，其他类标本约50种。展品中有海洋最大的贝壳砗磲，以及4大名螺。畅游其中，领略海洋动物的缤纷色彩、奇异外形与生活习性，探寻海洋动物世界奥妙，发现海洋动物独特价值。

热带生物资源科普馆

（3）**热带海岛珍稀药用植物馆**：热带海岛珍稀药用植物馆是海口热带农业科技博览园五景之一，占地 900 米^2，以展示热带岛屿珍稀植物和海南本土民族药用植物为主，是集科研性、观赏性、科普性于一体的现代化展示温室。展示各种热带岛屿珍稀药用植物约 300 种。在这里可以观赏到橙花破布木、银毛树、水芫花、海人树等特色的南洋岛礁植物。

热带海岛珍稀药用植物馆

（4）**热带生态农业科技馆**：热带生态农业科技馆是海口热带农业科技博览园五景之一，占地 2 400 米^2，以生态农业技术展示、热带昆虫知识传播为主题，展出水旱轮作与复合种养、果林地立体间套等 10 项生态模式，馆东侧为水旱轮作与复合种养区，中部为农业设施栽培区，西侧为特色水果生态种植区，北侧为桑蚕、蜜蜂、菌类、昆虫图片等特色科普场馆展示区。

热带生态农业科技馆

（5）天然橡胶科普馆：天然橡胶科普馆是海口热带农业科技博览园五景之一，占地227米^2，是天然橡胶科技发展史的缩影。该馆以天然橡胶产业发展为主线，通过实物展览和图片介绍，集知识性、科学性与趣味性为一体，既可以了解天然橡胶产业的起源，领略天然橡胶全产业链科学研究的奥妙，回顾我国天然橡胶这一国家战略物资的崛起，又能体验到天然乳胶制品、炭化木等橡胶科技产品所呈现出的特色与魅力。

天然橡胶科普馆

6."六区"——植物观赏区、科普展示区、科研实验区、人才孵化区、成果转化区、综合服务区

（1）植物观赏区：植物观赏区是海口热带农业科技博览园主要游览体验区域。本区域以不同主题展示的各类热带植物，种类繁多的植物群落因四季变化呈现一派万紫千红的景象，给人带来视觉的冲击，这是一处适合城市游学和植物观赏的好去处。

园区景观

（2）科普展示区：科普展示区是海口热带农业科技博览园主要的科普研学区域。本区域收集、整理、保存、介绍园区内作物的品种、栽培历史、文化知识，以不同形式把热带农业科学知识生动化、形象化地展示出来，并与趣味活动相结合，对青少年进行知识充电，普及科学知识。

"一蜂一世界"展厅

（3）科研实验区：科研实验区是海口热带农业科技博览园主要科技创新区域。本区域以满足热带农业科学研究的实验要求，可定期开放给有关团体参观，认识和了解科学家的工作和科学实验的场景，开展科技交流合作。

科研实验室

（4）人才孵化区：人才孵化区是海口热带农业科技博览园主要人才培养及交流合作区域。本区域是我国重要的热带农业技术人才培养基地，也是世界热带农业技术人才摇篮，这里为亚非拉热带国家培训了大量的热带农业科学人才，是我国重要的第三世界国家帮扶基地和国家人力资源和社会保障部海外赤子为国服务平台。

2019年发展中国家热带水果生产与加工技术培训班

（5）成果转化区：成果转化区是海口热带农业科技博览园主要科普研学区域。本区域是热带农业科技成果转移转化的重要窗口和海南知识产权服务业聚集区，集科技开发、产品展销、平台交易、创业孵化、商业服务、企业办公等功能为一体的平台载体。

中国热带农业科学院成果转移转化中心

（6）综合服务区：综合服务区是海口热带农业科技博览园主要接待服务区域。本区域主要为来访者提供园区各类活动咨询、停车、游览、购物、休憩、餐饮等服务需求的综合服务区。

园区游客中心

7."七楼"——热带作物品种资源研究所科研楼、橡胶研究所科研楼、热带生物技术研究所科研楼、环境与植物保护研究所科研楼、分析测试中心科研楼、科技信息研究所科研楼、海口实验站科研楼

（1）热带作物品种资源研究所科研楼：是海口热带农业科技博览园七楼之一，建筑面积8 136米²，以热带、南亚热带地区种质资源收集、保存、鉴定、评价和创新利用为主要研究目标，致力于创建世界一流的热带作物种质资源科技创新中心。拥有国家热带植物种质资源库、国家热带果树品种改良中心、农业农村部华南作物基因资源与种质创制重点实验室、农业农村部木薯种质资源保护与利用重点实验室、农业农村部野生基因资源鉴定评价中心、农业农村部热带作物种子种苗质量监督检验测试中心等13个国家级和省部级科研平台。

热带作物品种资源研究所科研楼

（2）橡胶研究所科研楼：是海口热带农业科技博览园七楼之一，建筑面积8 101米²。橡胶研究所是我国唯一以天然橡胶为研究对象的国家级研究机构，致力于实施天然橡胶大科学工程，全面提升我国天然橡胶产业的战略物资保障力和国际竞争力。拥有国家天然橡胶产业技术体系和国家橡胶树种质资源圃、国家橡胶树育种中心、农业农村部橡胶树生物学与遗传资源利用重点实验室、省部共建国家重点实验室培育基地、海南省热带作物栽培生理学重点实验室、国家天然橡胶科学数据中心等国家级和省部级科技平台，构建了涵盖遗传育种、栽培、植保、采胶、加工、产业经济等天然橡胶全产业链的科技创新体系。

橡胶研究所科研楼

（3）热带生物技术研究所科研楼：是海口热带农业科技博览园七楼之一，建筑面积12 500米²。热带生物技术研究所围绕种质与基因资源、功能基因与遗传改良、微生物工

热带生物技术研究所科研楼

程、甘蔗产业技术、热带海洋生物资源、热带生物资源次生代谢、南繁育种与生物安全等领域，致力于热带生物工程技术创新，促进生物产业发展。拥有农业农村部热带作物生物学与遗传资源利用重点实验室、农业农村部转基因植物及植物用微生物环境安全监督检验测试中心（海口）、海南省黎药天然产物研究与利用重点实验室、海南省沉香工程技术研究中心等省部级平台。

（4）环境与植物保护研究所科研楼：是海口热带农业科技博览园七楼之一，建筑面积8 800米²。环境与植物保护研究所重点在热带农业环境监测与污染治理、生态循环农业和热带作物病虫害等领域，致力于热带生态农业科技创新和热带作物病虫害绿色防控，支撑热区农业绿色发展和生态环境安全。拥有农业农村部热带作物有害生物综合治理重点实验室、海南省热带农业有害生物监测与控制重点实验室、海南省热带作物病虫害生物防治工程技术研究中心等省部级科研平台。

环境与植物保护研究所科研楼

（5）分析测试中心科研楼：是海口热带农业科技博览园七楼之一，建筑面积8 222米²。分析测试中心是集科技创新和检验检测技术服务为一体的国家级热带农产品质量安全科研机构，致力于热带农产品质量安全科技创新，保障百姓餐桌安全和生命健康。拥有农业农村部热带农产品质量监督检验测试中心、农业农村部热作产品质量安全风险评估实验室、海南省热带果蔬产品质量安全重点实验室、院大型仪器设备共享中心等省部级科研平台。

分析测试中心科研楼

　　(6) 科技信息研究所科研楼：是海口热带农业科技博览园七楼之一，建筑面积3 283米²。主要开展热带区域经济、产业发展、农业政策、国际农业、农业信息技术、农业信息分析预警、网络资源与传播、数据资源、科技资源等方面研究，致力于热带数字农业、智慧农业关键技术及服务，推动热带农业科学数据共建共享与知识传播。拥有海南省热带作物信息技术应用研究重点实验室，国家农业科学实验站、科技查新中心等创新服务平台。

科技信息研究所科研楼

　　(7) 海口实验站科研楼：是海口热带农业科技博览园七楼之一，建筑面积2 832米²。海口实验站以香蕉、菠萝、油梨、西番莲等热带果树为研究对象，致力于热带果树技术创新，解决我国热带"果盘子"重大科技问题，支撑热带果业可持续发展。拥有国家重要热带作物工程技术研究中心香蕉研发部、海南省香蕉遗传改良重点实验室、海南省香蕉健康种苗繁育工程技术研究中心、海南省农业科技110热作龙头服务站、海南省农业科

海口实验站科研楼

技110热作种苗组培服务站等重要科技平台。

（二）园区资源景观价值

1.观赏游憩价值

（1）中国热带农业科学殿堂：海口热带农业科技博览园入驻我国热带农业科学研究最高学术机构——中国热带农业科学院，围绕我国热区社会经济发展和国家战略需要，面向热区经济社会建设和国家农业对外合作主战场，扛起当好带动热带农业科技创新的"火车头"、促进热带农业科技成果转化应用的"排头兵"、培养优秀热带农业科技人才的"孵化器"和加快热带农业科技走出去的"主力军"的职责和重任，推动重要热带作物产量提高、品质提升、效益增加，为保障国家天然橡胶等战略物资和工业原料、热带农产品的安全有效供给，促进热区农民脱贫致富和服务国家农业对外合作作出了突出贡献。身临其境，可感知我国热带农业从无到有、从弱到强的发展和壮大过程，在这里体验我国热带农业发展中的科学家情怀和技术发展的丰硕成就。

（2）世界热带农业种质库：海口热带农业科技博览园是国家热带植物种质资源库总部所在地，从世界各地收集、保存热带作物种质资源25 000多份，着力建设全球最大的热带作物种质资源保存基地，构建热带作物多样性基因型数据库以及覆盖全国甚至全世界集数据信息、服务和工具为一体的综合性热带作物种质资源信息网和共享服务平台，为热带作物种业科技创新、热区农业技术进步和社会发展提供高质量的热带植物种质资源共享服务，为国家"一带一路"、全球动植物种质资源引进中转基地等建设提供基础支撑。

（3）中国热带农业科学史料库：海口热带农业科技博览园收集保存了我国热带农业发展史上的重要史料。如实地记载老一辈革命家周恩来等，新一代党和国家领导人习近平等先后前往中国热带农业科学院现场视察，为热作事业发展倾注了殷切期望和关怀有关史料。生动记录了老一辈科学工作者鲜为人知的动人故事，从一株橡胶为起点，通过技术创新和转化应用，把我国热带农业从最初的一穷二白到如今的走向世界，从最初的刀耕火种到如今的现代农业，见证了我国热带农业科技的飞速发展。

（4）海南城市中的热带雨林：海口市为海南省省会，是海南省政治、经济、科技、文化中心和交通枢纽，位于北纬19°32′～20°05′，东经110°10′～110°41′之间，地处海南岛北部，热带植物资源呈现多样性，是一座富有海滨自然旖旎风光的南方滨海城市，国家"一带一路"战略支点城市，北部湾城市群中心城市。海口热带农业科技博览园位于海口市城市中央，园区将热带雨林景观浓缩在方寸之间，营造出湿地、溪流、水泊，形成小范围的天然水循环空间，为一些特色的热带植物提供了生存环境。

园区景观

2.历史文化科学价值

（1）中国橡胶产业发展担当者：中国热带农业科学院创建于1954年，"应国家战略而生，为国家使命而战"，是党中央为解决我国橡胶自给而建立的一个国家级科研机构。1950年，朝鲜战争爆发，帝国主义对中国实行经济封锁，天然橡胶不能进口。为打破这种扼制中国工业发展的垄断，中央决定要加强我国天然橡胶产业的发展。当时也有中苏共同签署的一些互相支持发展橡胶工业的协议，其中最主要的就是在中国南方橡胶适宜种植区大范围的种植天然橡胶，解决天然橡胶的原料问题。1951年8月31日，受周恩来总理委托，陈云副总理主持召开中央人民政府政务院第100次会议，对华南种植橡胶做出了部署，通过了《关于扩大培植橡胶树的决定》。由此，中国热带农业科学院以及当时为实现我国橡胶产业发展的垦区开始承担起在中国发展橡胶的职责和使命。

中国热带农业科学院成立初期

（2）世界级科学家成长摇篮：众多的科学家在自己的领域取得了不菲的成绩，被世界认可，其中最为著名的是：世界粮食奖获得者——何康。他是中国热带农业科学院第一任院长，中国在热带北缘大规模发展橡胶和热带作物生产的奠基人，为中国农业和农村经济发展，特别是在中共十一届三中全会以后，对恢复和发展农业生产、农业科教事业和乡镇企业，建设有中国特色的社会主义现代农业作出了突出贡献，获得美国世界粮食奖基金会1993年度世界粮食奖。

世界粮食奖获得者——何康

（3）海南省新记录种发布地：2019年11月20日，中国热带农业科学院在海口热带农业科技博览园一次性发布海南新记录种85个，其中，海南特有新物种11个。众多新物种的发现，是海南植物资源研究的历史性突破，也是海南生态环境优良的生动体现。发布的11个海南特有新物种分别是：莎草科植物的尖峰薹草、凹果薹草、伏卧薹草、吊罗山薹草、长柄薹草；胡椒科植物的盾叶胡椒、尖峰岭胡椒；兰科植物的莫氏曲唇兰、黎氏兰、昌江盆距兰；海南药用植物的定安耳草。其中，有5个新物种的名称使用了海南地名，海口热带农业科技博览园有幸见证和记载了这个历史时刻。

海南特有新物种发布会

（4）热区科技成果产出硅谷：海口热带农业科技博览园是海南省内科研成果产出最多的地方，可谓"热作硅谷"。自1950年创建以来，在热带经济作物、南繁种业、热带粮

产出的科技成果

食作物、热带冬季瓜菜、热带饲料作物与畜牧和热带海洋生物6大创新领域，取得了包括国家发明一等奖、国家科技进步一等奖在内的近50项国家级科技奖励成果及省部级以上科技成果1 000多项，培育优良新品种300多个，获得授权专利1 600多件，获颁布国家和农业行业标准500多项，开发科技产品300多个品种。

（5）海南省首位院士科研基地：黄宗道教授是中国热带农业科学院前院长，长期从事橡胶营养生理、施肥制度、割胶技术、热作区划的研究，是我国热带农业研究领域的第一位院士，也是海南省首位院士。他是我国天然橡胶研究的创始人之一，经过多年研究，冲破外国专家认为北纬15°以北不宜植胶的说法，取得了我国在北纬18°～24°大面积植胶的成功，成为世界的一个创举，获国家发明奖一等奖。他系统地总结了中国30多年来在中国大面积栽培橡胶树的科研成果和生产技术经验，使橡胶亩产量达到200千克的高水平（海南岛当时亩产量平均为60千克），这在对中国植胶区纬度偏北、气温低、割胶天数比外国少1/3的情况下是一个创新，达到国际先进水平。

三、海口热带农业科技博览园设施建设

（一）园区游览设施建设

1.停车场　海口热带农业科技博览园为满足游览车辆停放需要，在园区内设有11个停车场，均为生态停车场，面积3 314米²，共有小车停车位205个，大巴停车位10个，满足旅游车辆停放需求。景区秉持绿色、生态、环保的可持续发展理念，停车地面均是采用天然草坪配以绿化隔离带铺设而成。周边种植有各式各样的热带特有植物，充分与热带农业特色和科研文化融合，配套设施齐全，与自然景观相得益彰。

园区停车场

2.游览线路　海口热带农业科技博览园开放了多条游览路线,在各路口均有导览标识,并配有专业讲解员介绍景区自然景观和科研文化背景,帮助游客更好地了解景区的热带特色景观和热带科研文化发展历程。公共游览区域有多个进出口,各进出口均有明显的导览标识,进出口分设,不过分邻近,有利于游客疏散,避免拥挤。园区根据各功能分区和景观,设计采用与各功能分区和自然景观相适应的材料修建步行道,并在主要步行道植入文化、生态元素,突出特色性和生态性,营造浓郁的热带农业科研特色。

百果园石阶

3.游客中心　海口热带农业科技博览园游客中心位于入口处,设计上融合了热带、农业、科研等元素,标识醒目,风格独特、造型优美,与景观和谐统一,充分展

园区游客中心

示景区热带特色。内设咨询、导游、影视、休息、购物、寄存等服务功能，能够满足游客的多种需求。设有多媒体触摸屏、游客休息区、饮品区、服务处、纪念品售卖点等，能为游客提供咨询、导览、讲解、餐饮、失物招领、投诉受理等服务。有宣教资料100余种，内容丰富科普性强，主要有印刷版宣传资料、明信片、科普读物、音像制品等。园区讲解员能够根据不同游客群体或特殊游客提供相应的讲解服务，针对游客感兴趣的问题或者文化现象进行深层次的探讨，加深与游客的互动和亲密感。

4.标识系统　海口热带农业科技博览园标识系统设计图案、采用文字均与景点、公共设施相协调，具有热带特色与美感。在户外和室内都设置全景图，主要景点、游客中心、厕所、出入口、医务室、停车场等均清晰标注，并在显著位置公布了景区咨询、投诉、紧急救援电话。在各功能区域的出入口、交叉路口、主要道路旁均设有导览图，标识清晰，使游客缩短在景区寻找路途的时间。区内各景点和功能区域均设有适应相关主题的醒目标识牌，彰显景区特色主题，增加游客的旅游效率。区内各主要景观设置有景物介绍牌，突出园区热带农业特色和科研文化底蕴。

园区全景图标识

5.休息设施　为方便游客参观游览景区，海口热带农业科技博览园根据参观游览线路合理设置了与景观环境相协调的观景设施和游客公共休息设施。园内共有观景和公共休息设施20余处，能够同时满足500人休息。公共休息设施的造型与周边环境相互匹配，注重整体风格的协调性。公共信息图形符号融合热带特色和科研文化等元素，整体版面富有艺术效果又独具热带特色，美观大方。

园区公共休息设施

6.**安全设施** 海口热带农业科技博览园在游客主要集散地、游览区、游客中心、停车场等区域均设有消防栓、灭火器，并对相关区域进行消防安全监控，确保园区消防安全。在各主要出入口、区域均设有闭路监控设施，安全设施设备齐全完好，安全警示标志、标识明显、齐全，严防各类事故发生。在危险游览地带和设施周边均设置了安全防护栏、安全警示牌等安全防护设施，为游客安全游览提供保障。设立专门的医务室，并在游客中心和医务室配备常用药品，为游客提供一般性突发疾病的诊治和救护服务，保证游客安全。

园区闭路监控设施

7.**卫生设施**　海口热带农业科技博览园公共区域无乱建、乱堆、乱放现象，各种设施设备无剥落、无污垢，空气清新、无异味。保洁人员对景区各广场、建筑物墙体、各设施设备污物及死角的积尘、积垢及时清理。生活垃圾日产日清，并对垃圾进行分类处理，以保障景区环境卫生干净、整洁。公共厕所布局合理，共有9个，主要分布在游览区域沿途和游客集散区域。厕所在外观设计、色彩搭配、造型等方面均与景观环境主题相适应，突出热带农业特色和科研文化底蕴。厕所的内墙上设计有装饰画，游客在如厕的同时也能够感受到景区的文化。管理人员定期检查卫生间的卫生和设备情况，保证厕所门窗、灯具、坐便器、扶手、化妆镜、衣帽钩、手纸盒等设施设备完好，卫生清洁。

园区公共卫生间

8.**购物设施**　海口热带农业科技博览园坚持购物场所与景区环境、文化协调一致的原则，在出入口和各景点服务区为游客提供旅游纪念品及特色产品选购服务。购物场所样式风格、形与神均与景区的整体风格一致，与主体建筑协调，与景区的整体形象美和文化气质相吻合，成为景区的有机组成部分。根据客源市场的需求，结合景区的资源特色，通过展销中国热带农业科学院自主研发生产的热带香料饮料、热带果蔬、南药系列产品、天然橡胶乳胶制品等特色产品，满足游客购物和旅游纪念的需要。制作有精美的园区风光明信片、纪念信封、邮票等，让游客从中体会到旅游带来的快乐。

园区购物商场

（二）园区环保设施建设

1.环境氛围 海口热带农业科技博览园遵循严格保护、统筹管理、合理开发、持续利用的原则，区内建筑选址、布局、高度、造型、风格、色调等均与周围自然景观和环境协调统一。园区内建筑选址，充分考虑景观点和绿化环境的合理规划，建筑量较少，设计、选址科学，不破坏周围景观的整体协调性。主体建筑风格与热带特色主题和科研文化氛围统一、和谐，整体效果突出。园区各单体建筑紧紧围绕热带农业主题风格，突出热带特色，融入风土文化，相互协调统一。园区建筑造型、色调重视与自然景观匹配、不仅强化景观协调性，还充分构建完整的景区视觉效果，让园区看起来更加和谐有趣。园区建筑风格统一、协调，建筑体量适度，充分依托自然生态环境规划建设。园区建筑物周边均

国花园景观

有相应的绿化带作为缓冲区，充分考虑了游客的流量，视野开阔，观景效果良好。

2.**景观生态保护** 海口热带农业科技博览园在合理开发旅游资源的同时，注重落实各项环保措施，实施林木和绿化建设工程，确保园区生态平衡，使园区可持续发展利用水平得到不断提高。为了维护景区内旅游资源的完整性和生态平衡，景区每年投入一定资金对院内景观、生态环境、珍稀名贵植物、土地资源等进行保护。园区污水处理设施、噪声限制、植被及绿地保护、空气质量监控、旅游者容量控制等设施设备完善，为游客创造良好的旅游环境，实现生态文明旅游。园区内植物种类繁多，辅以各类简约、朴素且与环境格调相一致的游憩设施，负氧离子浓度高，空气质量好，是远近难得的"森林氧吧"。园区内声音环境质量好，园内车辆禁止鸣笛，无使用高音喇叭或电子设备进行商品叫卖现象，噪声指标达到国标Ⅰ类标准。园区周边地表水质达国际Ⅰ类标准。

园区生态景观一角

第三章
DISANZHANG
海口热带农业科技博览园特色产品

一、海口热带农业科技博览园旅游产品

旅游产品亦称旅游服务产品，是指为满足旅游者需求而面向旅游者提供的各种产品和服务。它具体由实物和服务综合构成，向旅游者销售的旅游项目，其特征是服务成为产品构成的主体，其具体表现主要有线路、活动等。海口热带农业科技博览园旅游产品以"一心、两馆、三园、四场、五景、六区、七楼"的景观格局展示。下面主要向大家解说海口热带农业科技博览园"两馆""三园""五景"的具体情况，共同漫步科学殿堂，探索热作奥秘。

幼儿园研学半日游活动

（一）热带珍稀植物园

热带珍稀植物园是海口热带农业科技博览园三园之一，目前收集了300多种植物品种，是一座能够展示典型热带植物特征的综合性植物园。园内分为九个小区，分别是香料饮料植物区、特色南药植物区、水生植物区、濒危名木植物区、沙生植物区、特色兰花区、棕榈植物区、观花乔木区、特色果树区，是一个集科普、科研、休闲、游玩等功

能于一体的综合性植物园。观众可随导游一起去观赏多姿多彩的植物。

1.特色南药植物区

【槟榔】 棕榈科槟榔属。产于云南、海南及台湾等热带地区，亚洲热带地区广泛栽培。本种是重要的中药材，在南方地区还有一些少数民族将果实作为一种咀嚼嗜好品。

槟榔、益智、砂仁、巴戟被称为四大南药。槟榔是四大南药之首，原产于东南亚热带地区，棕榈科小乔木。它全身都是宝，种子、果皮、花都可入药。其中的槟榔碱成分是很好的收敛剂，有固齿杀菌、消化积食、去水肿、治脚气等功效。不仅如此，槟榔还有治青光眼、眼压增高、驱虫等作用，是海南、云南、湖南等地大众化的咀嚼物。海南人吃槟榔是将新鲜槟榔果切片后，拌以石灰或蚌灰，被蒌叶所包裹，一起咀嚼。而湖南人是将槟榔果熏干加工，加调料咀嚼。鲜食槟榔有一种"饥能使人饱，饱可使人饥"的奇妙效果，空腹吃时气盛如饱，饭后食之则易于消化，可谓人间仙果。常有客人买一些带回内地让朋友嚼一嚼，体会一次"两颊红潮曾妩媚"的感觉。

科普小故事

相传五指山下有一个姑娘，织出的裙子孔雀见了也不敢开屏，唱出的歌百灵鸟听了也会驻足聆听。方圆百里，求婚者无数。有次姑娘听说五指山上的槟榔果可以治愈自己母亲的病，就许愿说，谁能把五指山上的槟榔果摘下就嫁给谁。英俊的小伙子们大多惊慌畏缩，只有一个勇敢的黎族青年穿越了人迹罕见的原始森林，战胜了野兽的袭击，终于将槟榔果采下来。姑娘信守了诺言，从此，两个青年结婚生子，相亲相爱，白头偕老。至今，槟榔仍是黎家男女定亲的信物，也是黎族人民最常使用的药材。

【益智】 姜科山姜属。产于广东、海南、广西，我国热带地区多有栽培。姜科多年生南药植物，原为野生资源。果实药用，有益脾胃，理元气，补肾虚滑沥的功效；治脾胃（或肾）虚寒所致的泄泻，腹痛，呕吐，食欲不振，唾液分泌增多，遗尿，小便频数等症。其嫩果可制成益智茶和凉果。

【海南砂仁】 姜科豆蔻属。产于海南（澄迈、三亚、儋州），广东徐闻、遂溪等地亦有引种。叶舌披针形，长2～4.5厘米，极易识别，果实可代砂仁用，唯品质稍逊，其与砂仁不同之处为果具明显钝3棱，果皮厚硬，被片状、分裂的柔刺，结实率较砂仁为高。

【海南龙血树】 百合科龙血树属，其木质部在受外力损伤或遭微生物入侵后，

海南龙血树

内皮层和髓部逐渐转变成红色树脂（即龙血竭），是一种名贵的中药，具有活血化瘀、消肿止痛、收敛止血、补血补虚之功效，有"活血之圣药"之称。柬埔寨、老挝、泰国、越南也有分布。树形优美，生长缓慢，可用于园林观赏和室内植物。其野生资源已非常稀有，属国家Ⅱ级保护濒危物种。

【海南巴豆】大戟科巴豆属，海南特有。材质硬，但较轻，白色而无心材。木材可用于小建筑、桩木、顶木及刀柄、锄柄等农具。种子可提取药用巴豆油及蛋白脂生物碱。叶可入药，全年采收，鲜用或晒干。性热，味辛微酸。镇痛祛风，退热止痛，舒筋活络。叶热敷，煮水喝，熏蒸，治疗头痛、胃痛、腹痛。种子性辛、热，有大毒，可治寒积停滞、胸腹胀满，外用可治白喉。

2.香料饮料植物区

【咖啡】茜草科咖啡属。为世界三大饮料之首。原产于非洲，广东、海南、云南等地有引种。种子含"咖啡因"，是咖啡原料。4 000年前，非洲埃塞俄比亚咖法地区的牧民发现，羊群吃了一种热带小乔木后躁动不安、兴奋不已，赶回羊圈后羊群通宵达旦、欢腾跳舞，于是大胆尝试，发觉这种植物可以提神解乏。古时候的阿拉伯人最早是把咖啡豆晒干熬煮后，把汁液当胃药喝，认为可以助消化。咖啡能促进人体新陈代谢，延缓衰老过程，兴奋神经，祛除疲劳。咖啡饮料的种类很多，各种咖啡饮料的加工方法因国内外不同的饮用习惯而异。制成饮料的咖啡主要有烘炒和提炼速溶咖啡。

咖　啡

我国主要分布在海南、云南等地区，全国种植面积140万亩，产量14万吨，居世界第12位。2007年"兴隆咖啡"获批成为我国首个咖啡行业的国家地理标志保护产品，中国热带农业科学院经过多年研究，开发出咖啡系列产品,2020年"兴隆咖啡"入选首批中国100个受欧盟保护地理标志产品。

【可可】梧桐科可可属。又称巧克力树，为世界上三大饮料植物之一。原产于美洲中部及南部，现广泛栽培于全世界的热带地区，在我国海南和云南南部有栽培。可可喜生于温暖和湿润的气候和富集有机质的冲积土所形成的缓坡上，种植后4～5年开始结实，10年以后收获量大增，40～50年后产量逐渐减少，可可的种子为制造可可粉和"巧克力糖"的主要原料。

可可1954年引入海南种植，在海南兴隆地区，可可几乎全年可开花，但以每年的5—11月开花最多。一棵可可树每年可开几千朵花（成果率2%），它们成簇绽放在可可树干和主枝条上（茎生现象）。从开花到果实成熟需要5～6个月。果熟期为9—11月和次

可 可

年的2—4月。果实内有30～50粒的种子（即可可豆）。可可豆经过发酵、洗涤、晾干、烘炒、后经低温压榨，便可产生可可脂（可可黄油）和可可粉。可可脂是加工巧克力的主要原料。再加上其他原料，如糖、牛奶、乳化剂、香料等，搅拌精炼就可成为现在市面上的各式巧克力制品了。可可黄油在常温上是固体，临界溶化温度是37℃，而人体口腔温度是37.5℃，所以巧克力是"只溶在口，不溶在手"。可可粉富含蛋白质，具有滋补兴奋补充能量的作用。中国热带农业科学院经过多年研究，开发出可可系列产品，有纯可可粉、可可椰奶、可可咖啡等。

【鹧鸪茶】大戟科野桐属。产于广东和海南，分布于亚洲东南部各国。鹧鸪茶也叫山苦茶、毛茶、禾茶。树高可达1～3米，最高10米。鹧鸪茶能清热解毒，并有好闻的药香，消热解渴、清食利胆，还可防治感冒，被历代文人墨客誉为"灵芝草"。传说有位农民家养一只心爱的山鹧鸪鸟，后来这只鹧鸪鸟病了，该农民便采摘一种茶叶泡水给鸟喝，几天后该鸟不但病愈了，且活了很久，于是人们了解到此茶有保健功用，并取名为鹧鸪茶。另外，鹧鸪茶植物体含有零陵香油，可作为提取香精的原料。

【香草兰】兰科香荚兰属。又名香荚兰、香子兰，是一种名贵的兰科多年生热带攀缘藤本香料植物，有"天然食品香料之王"的美誉。原产墨西哥，我国海南、云南、福建等地均有引种栽培。

我国20世纪60年代引入分别在海南、云南等省试

香草兰

种。香草兰每年3—5月开花（为雌雄同花）。由于香草兰花的构造特殊，无法借助一般的昆虫作传粉媒介，必须经人工授粉才可结荚，自然授粉率小于1%，授粉时间以早上6～12点为宜。香草兰豆采收时并没有什么香味，必须经过加工方能生香。密封使其继续生香，这个生香阶段常持续几个月至1年时间。香草兰豆含有200多种芳香成分，众多的芳香成分使其具有独特的香味，被广泛用于调制各种高级香烟、名酒、特级茶叶，是各类高档食品和饮料的配香原料。中国热带农业科学院经过多年研究，开发出香草兰系列产品，主要有香草兰绿茶、香草兰红茶、香草兰苦丁茶、米香茶、白兰花茶、香草兰香水、香草兰酒、香草兰膏等。香荚兰豆除了用于食品加香以外，还用于医药，欧洲人曾一度用于治疗胃病、补肾、解毒等，并列入英国、美国和德国药典中。同时也用于化妆品行业（如法国香水）。

【斑兰叶】露兜科露兜树属，学名香露兜，又名香兰叶、斑斓叶，多年生草本香料植物。原产地可能为印度尼西亚马鲁古群岛，我国海南有栽培。香露兜叶含有一种特殊的香味（泰国米的香味）。人们用它的叶汁来做糕点、饮料，是东南亚一带用来做各类小吃的香料。斑兰叶具有"好育苗、好种植、好管理、好采收、好加工、市场前景好""六个好"特点，已逐步发展成为海南林下持续发展的优势作物和新兴产业。其叶片富含角鲨烯、植醇、甾醇等活性成分，天然散发一种类似"粽子香味"的天然香气，主要香气成分2-乙酰-1-吡咯啉，具有增强细胞活力、加快新陈代谢、提高人体免疫力

斑兰叶

等作用，广泛用于食品饮料行业，制作千层糕、蛋糕、冰淇淋、糖果等，被誉为"东方香草"，具有非常高的经济开发价值。30%～60%荫蔽度可促进斑兰叶生长，提高主要香气成分含量。

依兰香

【依兰香】番荔枝科依兰属。热带木本香料作物，原产于马来西亚至菲律宾群岛，印度尼西亚、新几内亚和澳大利亚、斯里兰卡等地也有栽培。1960年引入海南，云南有少量栽培，广东南部和福建也有引种，开花结果。花期5—11月，果熟期12月至翌年3月，清晨采花，以黄绿色的花品质最优。用鲜花蒸油，称为依兰油，出油率为2%～3%，具有独特浓郁香气，

称"依兰"油及"加拿楷"油，是名贵的高级香料，广泛用于配制高级香料，作定香剂用，也是一种用途广泛的重要日用化工原料。

【香茅】又称柠檬草、香茅草，为禾本科香茅属植物，约40多种，多分布于东半球热带与亚热带地区，我国于20世纪初引进，最早引进海南、台湾等地，现广西、广东、云南、四川等地引种栽培。叶子有很浓的柠檬香味，茎叶加工蒸馏提取"柠檬香精油"，是我国出口的天然香料之一。供制香水、肥皂；亦可食用，嫩茎叶为制咖喱调香料的原料；药用有通络祛风之效。香茅油用途很广，可制香水、香粉和香糕等，应用于食品香料、医用香料（制防蚊油），香茅渣可制纸。

【胡椒】胡椒科胡椒属。多年生木质藤本植物，被誉为中国"香料之王"，是世界古老而著名的调味香料。胡椒药食两用，是日常饮食不可或缺的调味品，具有抗炎、驱寒、暖胃、抗癌等活性，已被广泛应用于食品、现代制药、戒烟、戒毒和军事等领域。胡椒种植后3～4年便可收获，亩产可达150～200千克。海南是我国胡椒优势产区，种植面积近40万亩、年总产量4万多吨，占全国的90%以上。胡椒含有5%～9%的胡椒碱和1%～2.5%挥发油。生长在不同土壤中的胡椒，辣味也不同。果实成熟采收直接晒干为黑胡椒；浸泡后去皮晒干为白胡椒。青胡椒，也叫绿胡椒，采用七八分成熟饱满的胡椒杀青后迅速干燥，经检测胡椒油、胡椒碱含量最高，吃起来的感觉更香。在食品工业上，胡椒常用作调味料和防腐剂，在医药上把胡椒用作健胃剂，用来治疗肺寒、胃寒、冻疮等。据记载，中世纪，北欧上流社会人食用肉食，若没有胡椒调味，他们就认为乏味难咽。当时，一磅胡椒是一头绵羊的价值。胡椒可以作为妇女的嫁妆、租税，还可以用作对士兵的报酬和奖赏。"他没有胡椒"这句话在当时的欧洲常用来形容一个无足轻重的人物。

胡　椒

3. **水生植物区**　水生植物结合园林小景，打造自然趣味的生态湿地景观。水生植物是水生生态系统中生产者的重要组成部分，突出生物多样性特色。一方面由于多种植物的根系交错具强有力的去污能力，另一方面使水边的水流及生境多样化，保持良好的水质净化效果。

【纸莎草】莎草科莎草属水生植物。原产于中国、欧洲南部、非洲北部以及小亚细亚地区。纸莎草是古埃及文明的一个重要组成部分，古埃及人利用这种草制成的书写载体曾被希腊人、腓尼基人、罗马人、阿拉伯人使用，历经3 000年不衰。至8世纪，中国造纸术传到中东，才取代了莎草纸。主要用于庭园水景边缘种植，可以多株丛植、片植，单株成丛孤植景观效果也非常好。因其茎顶分枝成球状，造型特殊，亦常用于切枝。本种为我国南方最常用的水体景观植物之一，可以防治水污染。

【荷花】睡莲科莲属。产于我国南北各省，亚洲南部和大洋洲均有分布。根状茎（藕）作蔬菜或提制淀粉（藕粉）；种子供食用；叶、叶柄、花托、花、雄蕊、果实、种子及根状茎均作药用；藕及莲子为营养品，叶（荷叶）及叶柄（荷梗）煎水喝可清暑热，藕节、荷叶、荷梗、莲房、雄蕊及莲子都富有鞣质，作收敛止血药；叶为茶的代用品，又作包装材料。

【水生美人蕉】美人蕉科美人蕉属。原产于印度，我国南北各地常有栽培。本种花较小，主要赏叶；根茎清热利湿，舒筋活络；治黄疸肝炎、风湿麻木、外伤出血、跌打、子宫下垂、心气痛等；茎叶纤维可制人造棉、织麻袋、搓绳，其叶提取芳香油后的残渣还可做造纸原料。

4.珍稀植物区　海南光照充足，热量丰富，雨量充沛，适宜植物生长。得天独厚的自然环境，独特优越的气候条件，丰富多彩的民俗风情，孕育了丰富的珍稀名木资源。园区现种植有珍稀濒危植物26种，其中国家一级保护植物3种，二级保护植物7种，海南省重点保护植物2种。

【降香（花梨木）】豆科黄檀属。产于海南（中部和南部）。木材质优，边材淡黄色，质略疏松，心材红褐色，坚重，纹理致密，为上等家具良材；有香味，可作香料；根部心材名降香，供药用；为良好的镇痛剂，又治刀伤出血。

【铁凌（无翼坡垒）】龙脑香科坡垒属。产于海南。木材坚硬耐用，为高级用材，可供建筑、桥梁、家具等。

【海南粗榧】三尖杉科三尖杉属。产于海南、云南等地。木材坚实，纹理细密，可供建筑、家具、器具及农具等用材；枝、叶、种子可提取多种植物碱，对治疗白血病及淋巴肉瘤等有一定的疗效。

【见血封喉】桑科见血封喉属，又名箭毒木。产于海南、广西、云南南部。多生于海拔1 500米以下雨林中。变种分布于大洋洲和非洲。本种树液有剧毒，人畜中毒则死亡，树液还可制作毒箭猎兽用；茎皮纤维可作绳索。

见血封喉树高可达30多米，是世界上木本植物中最毒的一种树。它的茎干基部具有向四周生长的高大板根。我国已将它列为国家三级珍贵保护植物。见血封喉的乳汁中含有多种有毒物质，用其树液与土的宁碱混合制作毒药，进入人体后，伤者很快便出现肌肉松弛、心跳减速等症状，并因心跳停止导致死亡。人畜中毒后，均会在20分钟至两个小时内毙命。人们如果不小心吃了它，心脏也会麻痹，以致停止跳动。如果乳汁溅至眼里，眼睛马上也会失明。西双版纳少数民族用这种毒涂箭头猎兽，兽中箭三步之内即死，故叫"见血封喉"。现代医学上提取它的汁液做肌肉松弛剂。

【交趾黄檀】豆科黄檀属。原产于中南半岛，即越南、老挝、泰国、柬埔寨、缅甸、

马来西亚（西部）和新加坡，主产于越南、老挝、柬埔寨和泰国。木材具光泽、强度高、硬度大、耐腐蚀性强、抗虫性强，纹理通常直，结构细而均匀；顺纹抗压强度为107.87兆帕，顺纹抗弯强度为259.9兆帕；加工性能好，创面光洁；主要用作高级家具、高级车厢、钢琴外壳、镶嵌板、高级地板、缝纫机、体育器材、工具、装饰单板、工艺雕刻、乐器等。

【青皮】龙脑香科青梅属。产于海南，越南、泰国、菲律宾、印度尼西亚等地有分布。木材心材比较大，耐腐、耐湿，用途近似坡垒，为优良的渔轮材质；纺织方面可以做木梭；工业方面可以制尺、三脚架、枪托以及其他美术工艺品等。

【母生】大风子科天料木属。分布于中国海南，云南、广西、湖南、江西、福建等地有栽培。该种木材优良，为海南著名木材，结构细密，纹理清晰，是建筑及桥梁和家具的重要用材。

【菩提树】桑科榕属。别名也叫觉悟树、智慧树。原产于印度、尼泊尔、巴基斯坦，在整个热带地区多有栽培，我国广东、海南、广西、云南等地有栽培。传说在2 000多年前，佛祖释迦牟尼是在菩提树下修成正果，在印度，无论是印度教、佛教还是耆那教都将菩提树视为"神圣之树"，见菩提树如见佛。因此，礼拜菩提树蔚然成风，流传至今。六祖感觉悟不彻底，于是他吟出了：菩提本无树，明镜亦非台，本来无一物，何处惹尘埃。表示对于世间的事情、万物，需要一颗宁静的心，去面对这一切。政府更是对菩提树实施"国宝级"的保护。此外，菩提树还有较高的观赏、经济、药用价值。

【中国无忧花（袈裟树）】豆科无忧花属。原产于我国云南，广西、台湾有栽培。无忧花花冠为橙黄、橙红色，密集成团，生于老枝上，甚为奇特，适合庭园美化或作行道树。传说2 500多年前，在古印度的西北部，有一个迦毗罗卫王国。国王净饭王和王后摩诃摩耶结婚多年都没有生育，直到王后45岁时，一天晚上，睡梦中梦见一头白象腾空而来，闯入腹中……王后怀孕了。按当时古印

菩提树

度的风俗，妇女头胎怀孕必须回娘家分娩。摩诃摩耶王后临产前夕，乘坐大象载的轿子回娘家分娩，途径兰毗尼花园时，感到有些旅途疲乏，下轿到花园中休息，当摩诃摩耶王后走到一株葱茏茂盛开满金黄色花的无忧花树下，伸手扶在树干上时，惊动了胎气，

在无忧花树下生下了一代圣人——释迦牟尼。西双版纳的每个傣族村寨几乎都建有寺庙，而每个寺庙周围都种有无忧花。另外，有些没有生育但想得子嗣的人家，也常常在房前屋后种植一株无忧花。据说，只要坐在无忧花树下，任何人都会忘记所有的烦恼，无忧无愁。

【旅人蕉】鹤望兰科旅人蕉属，常绿观赏植物。它的故乡在马达加斯加，是马达加斯加人民喜爱和崇拜的国树。植株高达20～30米，为美丽的热带风光观赏植物。叶柄基部和花苞基部贮有清水，可饮用。果实外形像黄瓜，可食用。

在马达加斯加有一个有趣的传说：在很久以前，有一支由阿拉伯商人组成的骆驼队，满载着货物进入了马达加斯加的沙漠中。由于长途跋涉，商人们储备的水早就喝尽了，个个口渴难耐。他们缓慢地向前行走着。就在这个艰难的时刻，他们突然看到远处有一片树林，就疲惫不堪地来到树林里乘凉避暑，但还是口干舌燥没水喝，怎么办？这时其中一个商人抽出了长刀，准备杀骆驼取血解渴，但被旁边的另一个商人阻止了，他气得猛地一刀扎进了身边的树上，奇迹出现了，树上被刀扎之处流出了清水。于是，他们纷纷拿出刀子向一棵棵的大叶子树扎去，都流出了清水，商人们痛痛快快畅饮一阵，大大地缓解了口渴。从此，这种能储水的树，就有一个特别的名称，叫做"旅人蕉"，也叫"救命之树"。

5. **沙生植物区** 提起沙漠，有人总以为那里是荒凉无际，黄沙滚滚，寸草不生。其实，沙漠并不是生命的禁区，那里常常也有一片绿洲呈现着生机。这些沙生植物是生长在以沙粒为基质沙土生境的植物，由于长期生活在风沙大、雨水少、冷热多变的严酷气候下，练就了一身适应艰苦环境的本领，生就了种种奇特的形态。它们那顽强的生命力，令人叹为观止。

【剑麻】天门冬科龙舌兰属。原产于墨西哥，我国华南及西南各省区引种栽培。剑麻为世界有名的纤维植物，所含硬质纤维品质最为优良，具有坚韧、耐腐、耐碱、拉力大等特点，供制海上舰船绳缆、机器皮带、各种帆布、人造丝、高级纸、渔网、麻袋、绳索等原料；植株含皂苷元，是制药工业的重要原料。

【仙人掌】仙人掌科仙人掌属。原产于墨西哥东海岸、美国南部及东南部沿海地区、西印度群岛、百慕大群岛和南美洲北部，在加那利群岛、印度和澳大利亚东部逸生，我国南方沿海地区常见栽培，在广东、广西南部和海南沿海地区逸为野生。通常栽作围篱，茎供药用，

剑 麻

浆果酸甜可食。

【仙人柱】仙人掌科仙人柱属。分布中美洲至南美洲北部，世界各地广泛栽培，在夏威夷、澳大利亚东部逸为野生；我国于1645年引种，各地常见栽培，在福建（南部）、广东（南部）、海南、台湾以及广西（西南部）逸为野生。作为观赏和制药。

【仙人球】仙人掌科仙人球属。原产于阿根廷及巴西南部，中国有引种，各地普遍栽培。常见的室内盆栽仙人球类植物；株形奇特，花大形美，色彩洁白素雅，再加上习性非常强健，生长快，开花容易，易生子球，繁殖容易，因而栽培十分普遍；它是一种大众化、适合家庭栽培的仙人球，同时又是嫁接其他仙人球的良好砧木。

【光棍树】学名绿玉树，为大戟科灌木，乳汁有毒，绿玉树汁液有促进肿瘤生长的作用，通过促使人体淋巴细胞染色体重排而致癌；刺激皮肤可致红肿，不慎入眼可致暂时失明。也有致泻作用，并可毒鱼。为适应非洲荒漠地带干旱的气候才逐渐退化了叶子，用绿色的茎和枝条进行光合作用。

光棍树

【时来运转】学名扇叶露兜树，为露兜树科露兜树属，株高2.5～5米；原产地可高达20米；叶硬革质，常螺旋状3～4列集生枝梢剑状长披针形生长，因而得名时来运转；其叶缘及叶背中肋有向上红色锐钩刺；其有雌、雄两种，雌株的叶宽较雄株均宽1厘米；花单性，雌雄异株，圆锥花序或成密集的花簇，无花被，花瓣片遗存或缺，花序初为白色佛焰包或叶状包所包；雄花几乎难以各个区分开来，雄蕊多数，花丝短；雌花为圆锥头状花序，多结合成束；果为聚合果、向下垂悬；核果50～100个，椭圆状，形似菠萝。民间有传，顺时针绕树祈福，寓意爱情、生活、事业会时来运转、幸福吉祥。

6.特色兰花区

【鸽子兰】兰科鸽子兰属。中美洲（哥斯达黎加、哥伦比亚）至厄瓜多尔及委内瑞拉等地栽培。巴拿马共和国的国花。

【白花蝴蝶兰】兰科蝴蝶兰属。原产于亚热带雨林地区，分布在泰国、菲律宾、马来西亚、印度尼西亚及中国台湾。主要供观赏。

【丝兰】百合科丝兰属。原产于北美东南部，我国偶见栽培。主要供观赏。

【卓锦万代兰】兰科万代兰属。它是胡姬花的一种，是新加坡的国花，也是十分珍贵的兰花品种。

【卡特兰】兰科兰花亚科卡特兰属。原产于美洲热带，为巴西、哥伦比亚等国国花。

主要供观赏。

【蜘蛛兰】 石蒜科水鬼蕉属。原产美洲热带。我国引种栽培供观赏。

【硬叶兰】 兰科兰属。产于广东、海南、广西、贵州和云南西南部至南部。硬叶兰全草含黄酮苷、氨基酸，以全草入药，为兰科药用植物，具有清热润肺、化痰止咳、散瘀止血等功效。此外，硬叶兰还跟其他兰科植物一样极具观赏价值，由于具有极高的药用和观赏价值，深受人们喜爱。

【石斛】 兰科石斛属。产于安徽、台湾、湖北、香港、海南等地。茎直立，肉质状肥厚，稍扁的圆柱形，长10～60厘米，粗达1.3厘米。药用植物，性味甘淡微咸，寒，归胃、肾、肺经。益胃生津，滋阴清热。用于阴伤津亏，口干烦渴，食少干呕，病后虚热，目暗不明。石斛花姿优雅，玲珑可爱，花色鲜艳，气味芳香，被喻为"四大观赏洋花"之一。

7.竹类植物 是集文化美学、景观价值于一身的优良品种，用于造园至少已有2 200多年的历史了。中国是世界上研究、培育和利用竹类植物最早的国家。竹枝清冷挺拔、四季青翠、傲雪凌霜，备受我国人民喜爱，有"梅兰竹菊"四君子之一，"梅松竹"岁寒三友之一等美称。

【佛肚竹】 禾本科簕竹属。产于中国广东，中国南方各地以及亚洲的马来西亚和美洲均有引种栽培。佛肚竹灌木状丛生，秆短小畸形，状如佛肚，姿态秀丽，四季翠绿。盆栽数株，当年成型，扶疏成丛林式，缀以山石，观赏效果颇佳。室内盆栽，观叶类，秆形奇特，古朴典雅，在园林中自成一景。由于各地的气温差异较大，适宜栽培的竹种各有不同，佛肚竹是观赏竹类的佼佼者，观赏价值很高，不但宜作露地栽植，亦宜盆栽供陈列。

【黄金碧玉竹】 禾本科簕竹属。我国广西、海南、云南、广东和台湾等省（自治区）

佛肚竹

黄金碧玉竹

的南部地区庭园中有栽培。其秆金黄色，兼以绿色条纹相间，色彩鲜明夺目，具有较高的观赏性，为著名的观秆竹种；宜于庭园孤丛植配置观赏；竹竿可作灯柱、笔筒等用；嫩叶药用。

【小叶棕竹】棕榈科棕竹属。产于广东西部，海南及广西南部。树形矮小优美，可作庭园绿化材料。

【花叶竹】竹芋科竹芋属。原产于巴西，我国广东、广西、海南等省（自治区）有栽培。叶有美丽的斑块，栽培供观赏。

【紫竹】禾本科刚竹属。原产我国，南北各地多有栽培，在湖南南部与广西交界处尚可见有野生的紫竹林，印度、日本及欧美许多国家均引种栽培。多栽培供观赏；竹材较坚韧，供制作小型家具、手杖、伞柄、乐器及工艺品。

【毛竹】禾本科刚竹属。分布我国自秦岭、汉水流域至长江流域以南和台湾省，黄河流域也有多处栽培。毛竹是我国栽培悠久、面积最广、经济价值也最重要的竹种；其竿型粗大，宜供建筑用，如梁柱、棚架、脚手架等，篾性优良，供编织各种粗细的用具及工艺品，枝梢作扫帚，嫩竹

紫 竹

及竿箨作造纸原料，笋味美，鲜食或加工制成玉兰片、笋干、笋衣等。

【观音竹】禾本科簕竹属。原产于华南地区。也常栽培于庭园间以作矮绿篱，或盆栽以供观赏。

8.棕榈植物　挺拔秀丽，一派南国风光。棕榈类植物用途广泛，故系园林结合生产的理想树种。可列植、丛植或成片栽植，也常用盆栽或桶栽作室内或建筑前装饰及布置会场之用。

【椰子】棕榈科椰子属，单子叶，多年生常绿乔木。椰子主要产于我国广东、海南、台湾及云南南部热带地区。海南岛叫椰岛，海口简称椰城，椰树是海南人民的象征。海南岛种植椰子已有上千年的历史。椰子是重要的热带木本油料作物，用椰子肉榨油，称为椰油，可以食用也可以于护肤。椰子油含有中性脂肪酸，容易让人吸收、消化，此外椰子油含月桂酸，这种物质可以转化为甘油，具有强大的抗原虫、抗病毒和抗菌性能。椰子经济寿命可达80～100年。椰子树一年四季都开花结果，大家由下往上看，依次可见的椰子老果、嫩果、小果和花，真可谓是老少相聚，四世同堂。椰果分为青椰、红椰。椰子全身是宝，椰子嫩果可生食，椰果细菌纤维能够用于制作面膜、人造皮肤、纸巾、防弹衣甚至可修复火箭裂缝。椰子水含有维生素，是天然无菌、清凉止渴的最佳饮料；椰肉可榨椰奶，是制作饮料、糕点、菜肴、糖果的主要原料；椰壳可雕刻成美丽的工艺

品，还可制乐器、碗、勺等，还可以制作活性炭；椰衣可加工绳子、扫把、地毯、沙发垫、床垫等或作物的覆盖材料；椰叶可搭草棚、作荫蔽材料、草席等；椰木可作建筑材料；椰根煮水可治炎症；椰子树姿优美，是很好的绿化树。椰子用途达360多种，被称为"宝树"。在革命战争的艰苦岁月里，琼崖纵队受伤的战士们就是用新鲜的椰水代替葡萄糖水，直接注入伤员的静脉。

"文椰"系列椰子新品种是中国热带农业科学院3代科学家历经30年培育的我国第一批高产、早结、矮化、优质品种，3～4年可开花结果（传统品种7～8年开花结果），填补国内矮种椰子空白，是目前国内唯一国家审定品种。

【油棕】棕榈科油棕属，热带木本油料植物。原产于非洲热带地区，1926年传入我国，1960年开始正式栽培，主要种在海南岛南部，云南省西双版纳有少量种植。油棕是一种重要的热带油料作物，其油可供食用和工业用，特别是用于食品工业，被誉为"世界油王"，其生产的棕榈油是我国第三大食用植物油和第一大进口植物油品种，消费占比和进口占比分别达19%和67%。我国适宜种植面积达3 000万亩以上。油棕经济寿命25～30年，自然寿命达150年以上。油棕的果实含有丰富的油质，含油量远远超过花生（1亩油棕的产量相当于9亩花生的产量）。油棕主要产品是棕油和棕仁油，是热带地区人民惯用的食用油。收获的果料24小时内需立即送到加工房，否则品质会变辣味。经过加工提炼的棕油，可制作成高级润滑油、钢铁防锈剂和焊接剂，棕油还可用来生产肥皂、香皂、蜡烛、油漆等。

油　棕

中国热带农业科学院现已建成国家级专一性种质圃670亩，保存国内外种质335份，选育出我国第一批油棕品种热油4号和热油6号，繁育出我国首批油棕组培苗并试种表现良好，支持国内企业"走出去"在瓦努阿图、印度尼西亚等热带国家发展油棕产业。

【海枣】棕榈科海枣属。原产于西亚和北非，福建、广东、广西、云南等省（自治区）有引种栽培，在云南元谋露地栽培能结实。海枣是干热地区重要果树作物之一，且有大面积栽培，尤以伊拉克为多，占世界的1/3；除果实供食用外，其花序汁液可制糖，叶可造纸，树干作建筑材料与水槽，树形美观，常作观赏植物。

【糖棕】棕榈科糖棕属。原产于亚洲热带地区和非洲，我国云南西双版纳和海南有栽培。糖棕有很高的经济价值，在主产国如印度、缅甸、斯里兰卡、马来西亚等大量利用其粗壮的花序梗割取汁液制糖、酿酒、制醋和饮料；叶片和贝叶棕的叶片一样，可用来刻写文字或经文（参见贝叶棕的用途），还可盖屋顶、编席子和篮子，作绿肥；果实未熟时在种子里面有一层凝胶状胚乳和少量清凉的水可食和饮用；种子萌发出的嫩芽和肉质根可供食用；树干外面的木质坚硬部分可用来做椽子、木桩和围栏，做输水管、水槽等。

【桃榔】棕榈科桃榔属。产于海南、广西及云南西部至东南部，中南半岛及东南亚一带亦产。有较高的经济价值，其花序的汁液可制糖、酿酒；树干髓心含淀粉，可供食用；幼嫩的种子胚乳可用糖煮成蜜饯（注意：果肉汁液具有强烈的刺激性和腐蚀性，必须小心取出种子），幼嫩的茎尖可作蔬菜食用，叶鞘纤维强韧耐湿耐腐，可制绳缆。

【鱼尾葵】棕榈科鱼尾葵属。产于海南、广西等省（自治区），越南、缅甸、印度、马来西亚、菲律宾、印度尼西亚也有分布。茎的髓心含淀粉，可供食用，花序液汁含糖分，供制糖，同时亦是一种非常美丽的观叶植物。

【青棕】棕榈科射叶椰属。产于巴布亚新几内亚的中南部至澳大利亚东北部地区，现在澳洲各地种植很广，我国华南等地有引种栽培。适应性广，生长较快，适宜庭院种植与盆栽，观赏效果较好。

【酒瓶椰子】棕榈科酒瓶椰属。原产于马斯加里尼岛，我国华南地区有栽培。干茎膨大奇特，叶形株姿优美别致，是优良的庭园、绿地或盆栽观赏植物。

【红槟榔】棕榈科猩红椰属。原产于马来西亚、新几内亚及太平洋一些岛屿。树姿优美，叶柄与叶鞘猩红色，异常美丽。

9.观花乔木区 这里四季春常在，常年有花开。

鱼尾葵

【木棉】木棉科高大乔木。原产于我国西南部。冬初落叶，翌年春先叶后花，花红色。木棉是具有多种用途的经济树种，多作包装箱、火柴、胶合板、救生设备以及隔热板等，棉絮可做床、椅、枕头等垫褥和救生圈（每1千克的木棉在水中即可浮起1人的重量）、救生衣及其他浮水物的填充材料。还可用作填充冰箱的内壁，木棉籽可制润滑油、油漆和肥皂等。木棉纤维是天然的超细和高中空纤维，被誉为"植物软白金"，全世界人造纤维中空度最高为39%，木棉纤维中空度为80%，世界第一。2006年中国工程院将木棉纺织列为与棉纺、毛纺、麻纺、丝纺、化学合成纤维五大产业平行的行业。木棉的花、叶、根各部分可供药用，花可煮凉茶喝，广东传统饮料"五花茶"中就有木棉花（革命烈士周文雍、陈铁军就是牺牲在木棉树下。有部电影《刑场上的婚礼》指的是这两位烈士，当时树上开满了红色的花，没有叶子，人们传说是烈士的鲜血染红了木棉树，所以称为英雄树）。

【凤凰木】苏木亚科落叶大乔木。原产于马达加斯加，16世纪传入我国，引种到澳门的凤凰山，故称凤凰木。凤凰木每年5—8月开花，花开如火焰，故又有"火树"之称（前面这两种作物都有发达的板根，板根现象也是热带植物的显著特征）。

【海南苹婆】梧桐科苹婆属。产于海南和广西南部的钦州县，海南的保亭、琼海、三亚等地较常见。每年7—8月是苹婆的收获期，鲜种经采摘脱壳后晒干即为商品，不需特殊加工。树冠浓密，叶常绿，树形美观，不易落叶，也是一种很好的行道树。

【红千层】桃金娘科红千层属。原产于澳大利亚，我国南方有栽培。红千层花形奇特，色彩鲜艳美丽，开放时火树红花，具有很高的观赏价值，被广泛应用于公园、庭院及街边绿地。

【黄花风铃木】紫葳科风铃木属。原产于墨西哥、中美洲、南美洲，我国热带地区多有引种。黄花风铃木会随着四季变化而更换风貌，春天枝条叶疏，清明前后会开漂亮的黄花；夏天长叶结果荚；秋天枝繁叶茂，一片绿油油的景象；冬天枯枝落叶，呈现出凄凉之美，这就是该树种在春、夏、秋、冬所展现出的独特风姿。

【大叶紫薇】千屈菜科紫薇属。分布于斯里兰卡、印度、马来西亚、越南及菲律宾，我国广东、广西、海南、福建等地有栽培。花大，美丽，常栽培庭园供观赏；木材坚硬，耐腐力强，色红而亮。常用于家具、舟车、桥梁、电杆、枕木及建筑等，也作水中用材；树皮及叶可作泻药；种子具有麻醉性；根含单宁，可作收敛剂。

【火焰木】紫葳科火焰树属。原产于非洲，现广泛栽培于印度、斯里兰卡，我国广东、福建、台湾、云南（西双版纳）均有栽培。花美丽，树形优美，是风景观赏树种。

【红花羊蹄甲】豆科羊蹄甲属。世界各地广泛栽植。该物种是美丽的观赏树木，花大，紫红色，盛开时繁英满树，终年常绿繁茂，颇耐烟尘，适于做行道树，是香港的市花。

【马拉巴栗（发财树）】木棉科瓜栗属。原产于巴西，在中国华南及西南地区广泛栽培。株型美观，耐阴性强，为优良的观叶植物。

【含笑】木兰科含笑属。原产于华南南部各省（自治区），广东鼎湖山有野生，现广植于全国各地，在长江流域各地需在温室越冬。本种除供观赏外，花有水果甜香，花瓣可拌入茶叶制成花茶，亦可提取芳香油和供药用。本种花开放，含蕾不尽开，故称"含笑花"。

【三角梅】紫茉莉科叶子花属。原产于巴西。中国南方栽植于庭院、公园，北方栽培于温室。苞片是主要的观赏部位，有红色、黄色、白色、粉红色等，有的品种的苞片为复色，色彩艳丽，几乎全年有花，耐修剪，是优良的园林植物。叶可作药用，捣烂敷患处，有散淤消肿的效果，花可作药材基原，活血调经，化湿止带。治血瘀经闭、月经不

三角梅

调、赤白带下。花入药，调和气血，治白带、调经。

【黄槐决明】豆科决明属。原产于印度、斯里兰卡、印度尼西亚、菲律宾和澳大利亚、波利尼西亚地，栽培于中国广西、广东、福建、台湾等省（自治区）。世界各地均有栽培。常绿灌木或小乔木，开花时满树黄花，几乎全年有花，为优良的行道树。

【黄金榕】桑科榕属。产于热带、亚热带的亚洲地区，分布于中国台湾及华南地区，

黄金榕

东南亚及澳洲也有分布。可成为草坪绿化主景，也可种植于高速公路分车带绿地，耐修剪，可以塑成各种造型的颜色景观。还可以与其他观叶草本混植，如与绿苋草等形成动人的色彩对比。具有清洁空气、绿荫、景观等方面的作用。

（二）热带国花园

国花是一个国家的象征与代表，本园保存展示有50多个热带国家国花，每种国花都饱含寓意，有的象征不朽、生命、勇气，有的象征勇敢、成长、爱和美丽，是观赏和了解世界热区国家人文历史的启蒙之花，也提高居民生活素养的休闲之花。

【咖啡树】茜草科属咖啡属。埃塞俄比亚、哥伦比亚国花。主要用途：作饮料，它不仅醇香可口，略苦回甜，而且有兴奋神经、驱除疲劳等作用。在医学上，咖啡碱可用来作麻醉剂、兴奋剂、利尿剂和强心剂以及帮助消化，促进新陈代谢。咖啡的果肉富含糖分，可以制糖和制酒精。咖啡花含有香精油，可提取高级香料。

咖啡花

【罗汉松】罗汉松科罗汉松属。南非国花。主要用途：可室内盆栽，亦可作花坛花卉。

【凤尾兰】百合科丝兰属。塞舌尔国花。主要用途：观赏、园林景观，有止咳平喘、主支气管哮喘、咳嗽等功效。

【白花百合】百合科百合属。梵蒂冈国花。主要用途：供观赏或作食品、香料；鳞茎供食用及提取淀粉，也可入药，有润肺止咳功效。汇集观赏、食用、药用。

【康乃馨】石竹科石竹属。西班牙国花。主要产区在意大利、荷兰、波兰、以色列、哥伦比亚、美国等。主要用途：观赏，还有清热解毒、清目养神的作用。

【橙红龙船花】茜草科龙船花属。缅甸国花。主要用途：观赏。

【吊钟花】柳叶菜科倒挂金钟属。智利国花。主要用途：观赏。

【三色堇】堇菜科堇菜属。波兰国花。主要用途：观赏，清热解毒、散瘀、止咳、利尿。

【石竹】石竹科石竹属。葡萄牙国花。主要用途：观赏，根和全草入药，清热利尿，破血通经，散瘀消肿。

【仙客来】报春花科仙客来属。圣马力诺国花。主要用途：观赏。

【杜鹃】杜鹃花科杜鹃属。巴林国花。主要用途：观赏，活血，止痛，祛风，止痛。

【水仙】石蒜科水仙属。柬埔寨国花。主要用途：观赏；清热解毒，散结消肿等疗效。

【郁金香】百合科郁金香属。土耳其国花。主要用途：观赏；主治脾胃湿浊、胸脘痞闷、呕逆腹痛、口臭苔腻。

【孔雀草】菊科万寿菊属。阿根廷、阿拉伯联合酋长国国花。主要用途：观赏、清热解毒、止咳。主风热感冒、咳嗽、痢疾、乳痈、疖肿、牙痛、口腔炎、目赤肿痛。

【香石竹】石竹科石竹属。洪都拉斯国花。欧亚温带有分布，中国广泛栽培。主要用途：观赏。

杜鹃花

【丁香】桃金娘科蒲桃属。坦桑尼亚国花。主要用途：温中降逆，补肾助阳；具抑菌及驱虫作用，用作芳香；治疗胃病、腹痛、呕吐、神经痛、牙痛等疾病。

【小叶榕】桑科榕属。孟加拉国国花。主要用途：可作行道树。树皮纤维可制渔网和人造棉。气根、树皮和叶芽作清热解表药。

【红花木棉】木棉科木棉属。越南国花。主要用途：花可供蔬食，入药清热除湿，能治菌痢、肠炎、胃痛；根皮祛风湿、理跌打；树皮为滋补药，亦用于治痢疾和月经过多；果内绵毛可作枕、褥、救生圈等填充材料；种子油可作润滑油、制肥皂；木材轻软，可用作蒸笼、箱板、火柴梗、造纸等用；花大而美，树姿巍峨，可植为园庭观赏树，行道树。

龙船花

【龙船花】茜草科龙船花属。缅甸国花。主要用途：龙船花在我国南部颇普遍，现广植于热带城市作庭园观赏；它的花色鲜红而美丽，花期长。

【猴面包树】 桑科波罗蜜亚科波罗蜜属，波罗蜜亚属。塞内加尔国花。主要用途：木材质轻软而粗，可作建筑用材，果实为热带主要食品之一。

【卡特兰】 兰科兰花亚科卡特兰属。哥斯达黎加国花。主要用途：主要供观赏。

【金嘴鹤蕉】 蝎尾蕉科蝎尾蕉属。玻利维亚国花。主要用途：花序大，排列有序，悬垂于枝间，色艳清新，花姿奇特，为不可多得的观花植物，可布置于庭院、公园路旁、篱垣边、墙垣边或丛植点缀，也是高级切花材料。

【蟹爪兰】 仙人掌科蟹爪兰属。巴西国花。主要用途：常被制作成吊兰做装饰；蟹爪兰开花正逢圣诞节、元旦节，株型垂挂，适合于窗台、门庭入口处和展览大厅装饰。

【麒麟玫瑰】 仙人掌科木麒麟属。玻利维亚国花。主要用途：盆栽观赏，绿化墙垣、庭院。

【多叶芦荟】 百合科芦荟属。莱索托国花。主要用途：观赏价值极高。

【银蕨】 桫椤科白桫椤属。新西兰国花。主要用途：观赏价值高，全株入药，有清热、凉血、利尿之功效。

【菊花】 菊科菊属。日本国花。主要用途：有独特的观赏性和药用价值；在春秋战国时代，屈原的离骚就有"夕餐秋菊之落英"，可见当时已将菊花的花当作蔬菜使用了；菊花的花是清凉药，味寒、甘苦、散风清热，明目平肝；这就叫药菊。

【齿叶睡莲】 睡莲科，睡莲亚科睡莲属。埃及、孟加拉国花。主要用途：花大形、美丽，供观赏；可作饲料。

【白色鸡蛋花】 夹竹桃科鸡蛋花属。瓦努阿图、尼加拉瓜、老挝国花。主要用途：花白色黄心，芳香，叶大深绿色，树冠美观，常栽作观赏；广东、广西民间常采其花晒干泡茶饮，有治湿热下痢和解毒、润肺；繁殖方法，可插条或压条，极易成活。

【夹竹桃】 夹竹桃科夹竹桃属。阿尔及利亚国花。主要用途：花大、艳丽、花期长，常作观赏；用插条、压条繁殖，极易成活；茎皮纤维为优良混纺原料；种子含油量约为58.5%，可榨油供制润滑油；叶、树皮、根、花、种子均含有多种配醣体，毒性极强，人、畜误食能致死；叶、茎皮可提制强心剂，但有毒，用时需慎重。

【腊肠树】 豆科决明属。泰国国花。主要用途：本种是南方常见的庭园观赏树木，树皮含单宁，可做红色染料；根、树皮、果瓤和种子均可入药作缓泻剂；木材坚重，耐朽力强，光泽美丽，可作支柱、桥梁、车辆及农具等用材。

【火焰木】 紫葳科火焰树属。加蓬国花。主要用途：花美丽，树形优美，是风景观赏树种。

【银铃风铃木】 紫葳科粉铃木属。巴拉圭国花。主要用途：观赏花木。

【凤凰木】 豆科凤凰木属。马达加斯加、圣基茨和尼维斯国花。主要用途：著名热带观赏树或行道树；甘甜，味淡，性寒，树皮入药可平肝潜阳、解热、治眩晕、心烦不宁；根入药可治风湿痛。

凤凰木

【鸡冠刺桐】豆科刺桐属。阿根廷、乌拉圭国花。主要用途：可供庭园观赏，木质很软，树皮亦供药用。

【洋金凤】豆科云实属。巴巴多斯国花。主要用途：为热带地区有价值的优良观赏树木之一。

洋金凤

【扶桑】锦葵科木槿属。斐济、苏丹、马来西亚国花。主要用途：主供园林观赏用，或作绿篱材料；茎皮富含纤维，供造纸原料；入药治疗皮肤癣疮。

扶　桑

【三角梅（紫）】紫茉莉科叶子花属。赞比亚国花。主要用途：栽植于庭院、公园，北方栽培于温室，是美丽的观赏植物。

【茉莉花】木犀科素馨亚科素馨属。突尼斯、巴拉圭、菲律宾、印度国花。主要用途：本种的花极香，为著名的花茶原料及重要的香精原料；花、叶药用治目赤肿痛，并有止咳化痰之效。

【香根鸢尾】鸢尾科鸢尾属。阿尔及利亚、法国国花。主要用途：本种植物的根状茎可提取香料，用于制造化妆品或作为药品的矫味剂和日用化工品的调香、定香剂。

【姜花】姜科姜亚科姜花属。古巴国花。主要用途：花美丽、芳香，常栽培供观赏；亦可浸提姜花浸膏，用于调和香精；根茎能"解表，散风寒，治头痛、身痛、风湿痛及跌打损伤等症"。

【旅人蕉】鹤望兰科旅人蕉属。马达加斯加国花。主要用途：为园林绿化树种。

【海枣】棕榈科海枣属。沙特阿拉伯国花。主要用途：海枣是干热地区重要果树作物之一，且有大面积栽培，尤以伊拉克为多，占世界的1/3；除果实供食用外，其花序汁液可制糖，叶可造纸，树干作建筑材料与水槽，树形美观，常作观赏植物。

（三）热带百果园

1.香蕉文化园

【香蕉】芭蕉科芭蕉属。原产于亚洲东南部热带、亚热带地区，是全世界重要的水果之一，其味香、富含营养，终年可收获。香（大）蕉还被世界粮农组织列为世界上仅次于大米、小麦和玉米之后的第四大粮食作物，目前全世界有多达200～300个香蕉种植品种。我国以广东栽培最盛。香蕉是淀粉质丰富的有益水果。味甘性寒，可清热润肠，促进肠胃蠕动，但脾虚泄泻者却不宜。痔疮出血者、因燥热而致胎动不安者，都可生吃蕉肉。植株丛生，具匍匐茎，矮型的高3.5米以下，一般高不及2米，高型的高4～5米，有果150～200个；果肉松软，黄白色，味甜，无种子，香味特浓。

【大蕉】芭蕉科芭蕉属。引自南苏丹，该品种引自南苏丹是非洲一些国家食物的主要淀粉来源。多年生的草本植物。植株丛生，高3～5米，具匍匐茎，假茎厚而粗重。果长圆形，按长宽比例较短粗，果身直或微弯曲，棱角明显，果柄通常伸长，果肉紧实，未成熟前味涩，成熟时味甜或略带酸味，但缺香气或微具香气，无种子或具少数种子。主要用途：鲜食、煮食、煎烤等。

【野蕉（伦阿蕉、山芭蕉）】芭蕉科芭蕉属。产于云南、广东、海南等地，东南亚国家。假茎丛生，高4～6米，黄绿色，有大块黑斑，具匍匐茎。浆果倒卵形，灰绿色，棱角明显，先端收缩成一具棱角，果内具多数种子。本种是目前世界上栽培香蕉的亲本种之一。

【小果野蕉】芭蕉科芭蕉属。产于云南、海南、广东、福建等地，东亚及南太岛国。用作饲料。

【小果野蕉1】芭蕉科芭蕉属。产地分布：东南亚、南美、加勒比海国家以及我国云南、海南、广东、福建，是目前世界上栽培香蕉的新本种之一。主要用途：育种材料、纤维原料、饲料。本种是目前世界上栽培香蕉的亲本种之一。

【小果野蕉2】芭蕉科芭蕉属。产地分布：哥斯达黎加，引自国际生物多样性中心，目前世界上栽培香蕉的亲本种之一。主要用途：育种材料。

【粉黛】芭蕉科芭蕉属。产地分布：海南。形态特征：小果野蕉与野蕉的杂交品种。品质优良，皮薄，有特殊香味。主要用途：鲜食。

【巴西蕉】芭蕉科芭蕉属。产地分布：澳大利亚、巴西、厄瓜多尔、菲律宾、中国等香蕉主产国。假茎高250～330厘米，秆较粗，叶片较细长直立，果轴果穗较长，梳距大，梳形果形较好。该品种株产较高，果指较整齐长大，耐瘦瘠、抗寒性较好，经济性状优良，收购价较高。主要缺陷是对香蕉枯萎病4号小种高感、抗风力较弱。主要用途：鲜食。

【酸大蕉】芭蕉科芭蕉属。产地分布：原产印度、乌来亚等地。我国福建、台湾、广东、广西及云南等地均有栽培。本种为一栽培种，品系及品种繁多，变异也很大。在国内栽培的品种有大蕉、牛角芭蕉、酸芭蕉、大芭蕉以及美蕉等。果实较大，果形较直，棱角显著，果皮厚而韧，果肉杏黄色，柔软，味甜中带微酸，香气较少，抗风性好，但生育期较长。主要用途：鲜食、糕点等。

【粉蕉】芭蕉科芭蕉属。产地分布：东南亚，中国云南、广东、广西、海南等地均有分布。形态特征：热粉1号，品质优良，商品性好，糖含量、维生素C含量和糖酸比较高，有独特香气，营养价值高。耐叶斑病，抗逆性较强。抗风能力较强，较耐寒，耐旱，耐叶斑病。主要用途：鲜食、淀粉辅料等。

【华蕉（香芽蕉、梅花蕉、中国矮蕉）】芭蕉科芭蕉属。产地分布：广东、福建、海南等地。果肉松软，黄白色，味甜，无种子，香味特浓。该品种耐瘠瘠土壤、抗倒伏性较好，经济性状优良。主要用途：鲜食。

【皇帝蕉（粉沙蕉、米蕉、糯米蕉）】芭蕉科芭蕉属。产地分布：越南、泰国等东南亚国家，为海南省澄迈县等地特色栽培香蕉品种。植株假茎高250～450厘米，叶色淡而有红色斑纹，叶片背面密被蜡粉；果指数多，果形两端渐尖、饱满，果皮薄，皮色灰绿，成熟时为淡黄色且易变黑；果肉乳白色、肉质嫩滑味甚甜，可溶性固形物含量最高达28%，香气稍淡。主要用途：鲜食。

【象腿蕉】芭蕉科象腿蕉属。产地分布：云南南部及西部。基部远较上部为粗，呈坛状，不具匍匐茎。浆果倒卵形，长约9厘米，直径约3.5厘米，先端粗而圆，圆柱状或略扁，几乎无柄，果内具多数种子。主要用途：观赏，假茎可作猪饲料。喜高温，生长适温为25～30℃。

【红香蕉】芭蕉科芭蕉属。分布于印度尼西亚、马来西亚、泰国等东南亚国家。果皮颜色随生长条件不同变化较大，暗红到鲜红，颜色美观，皮较厚；果肉淡黄色，肉质细腻、具有很强的耐储存性，蕉皮不易受伤，而且果指饱满、整齐，外形滑润，味清香，口感佳，糖分含量稍低，有特殊的兰花香味，维生素的含量极高。外表的红色，更是有种喜气的意味，还是有消费者以此为礼物，表达他们对于亲朋好友的美好祝福。主要用途：鲜食、祭祀、观赏等。

【千层蕉】芭蕉科芭蕉属，别名千指蕉。原产地为马来西亚。开花的时候花序轴会一直向下延伸，已经授粉完成的花朵逐渐发育成果实，往往上部分的果实已经成熟，花序轴仍不断向下生长，几乎贴近地面，千指蕉的花序轴可以长达2～3米。果实有超过1500个的纪录，当地甚至有称为"香蕉王"者。千层蕉数量虽多，但果实体积都不大。主要用途：不宜食用，作观赏用。

2.特色水果区

【榴莲】木棉科榴莲属。原产地是文莱、印度尼西亚、马来西亚等地。榴莲果实被称为"热带果王"。果实香味异常，吃的人感觉越吃越香，能吃上瘾，不吃的人则感觉很臭（相传，古时有一群男女漂洋过海下南洋，遇风浪船翻，只有一对男女漂泊几天到达一个美丽的小岛，岛上居民采来一种果实给他们吃，很快恢复了体力，两人再也不愿意回家，在此结为夫妻，生儿育女。后来人们给这个水果起名叫"榴莲"，意思是让人流连忘返。榴莲花果期6—12月，上市季节9—12月。蒴果椭圆状，淡黄色或黄绿色，长15～30厘米，粗13～15厘米，每室种子2～6粒，假种皮白色或黄白色。在日平均温度22℃以上，无霜冻的地区可以种植，要终年高温的气候才能生长结实）。

【山竹】藤黄科藤黄属。原产于马鲁古，亚洲和非洲热带地区广泛栽培；我国台湾、福建、广东和云南也有引种或试种。著名的热带水果，可生食或制果脯。山竹中所含有的蛋白质与脂类非常丰富，对于人体具有很好的补充营养的作用，尤其对于营养不良，体质虚弱及病后的人群都能起到很好的保健作用。山竹富含维生素C，因此可以美白肌肤，抗皮肤老化。小乔木，高12～20米。果成熟时紫红色，假种皮瓣状多汁，白色。热带地区，透气、深厚、排水好、微酸、富含有机质的黏壤土和壤土最适合山竹的生长。

【木奶果】大戟科木奶果属。常绿乔木，高5～15米，胸径达60厘米；花小，雌雄异株，无花瓣；浆果状蒴果卵状或近圆球状。花期3—4月，果期6—10月。分布于海拔1 000～1 300米的山谷、山坡林地。木奶果喜阴耐旱、喜光耐阴。分布于印度、缅甸、泰国、越南、老挝、柬埔寨、马来西亚和中国等。在中国分布于广东、海南、广西和云南。木奶果是一种集食用、药用、观赏为一体的多用途树种。果实味道酸甜，富含糖类、维生素及人体所需的多种微量元素，可鲜食，也可制作果酱，是极具特色的原生态热带野生水果。

【巴西樱桃】桃金娘科番樱桃属。原产于南美洲，是一种食用和观赏的优稀果树。

【刺果番荔枝】番荔枝科番荔枝属。原产于东南亚地区，台湾、广东、广西和云南等省（自治区）栽培，是一种观赏的优稀果树。常绿乔木，高达8米；果肉微酸多汁，白色。花期4—7月，果期7月至翌年3月。喜光耐阴，最适生长温度平均最高为25～32℃，平均最低为15～25℃，果实成熟最适平均温度为25～30℃。

【福橙】芸香科柑橘属。原产于东南亚，是一种食用和观赏的果树。橙子味甘，性平。具有生津止渴、疏肝理气、通乳等功效。适用于津少口渴、舌干咽燥、肝郁胁痛及乳汁不通所致的乳房胀痛或结块等症。橙皮味辛微苦，性温。有理气、化痰、健脾等功效，可用于治疗胸闷及脘腹胀痛、肠鸣腹泻、痰多咳嗽、食欲不振等症。花期4—5月，果期10—11月。果肉淡黄白色，味甚酸，常有苦味或异味。宜温暖、不耐寒、较耐阴，要求土质肥沃，透水透气性好。喜欢在年平均温度15℃以上的地区。

【金橘】芸香科金橘属。原产于东南亚，是一种食用和观赏的果树。金橘果实含丰富的维生素A，可预防色素沉淀、增进皮肤光泽与弹性、减缓衰老、避免肌肤松弛生皱。也可预防文明病，如血管病变及癌症，更能理气止咳、健胃、化痰、预防哮喘及支气管炎。金橘果实含有丰富的维生素C、金橘甙等成分，对维护心血管功能，防止血管硬化、高血压等疾病有一定的作用。作为食疗保健品，金橘蜜饯可以开胃，饮金橘汁能生津止渴。果椭圆形或卵状椭圆形，长2～3.5厘米，果肉味酸。花期3—5月，果期10—12月。

【澳洲坚果】山龙眼科澳洲坚果属。原产于澳洲，又名夏威夷果。山龙眼科澳洲坚果属常绿乔木，原产澳大利亚。焙制后香脆可口，是世界著名的高级果品，素有"干果之王"的誉称。果仁含油量高，富含不饱和脂肪酸，能有效预防心血管疾病，能降低血压、调节和控制血糖水平、改善糖尿病患者的脂质代谢，是糖尿病患者最好的脂肪补充来源。

属常绿乔木，高5～15米。花期4—5月（广州），果期7—8月。果球形，直径约2.5厘米，果皮厚2～3毫米，开裂。中国热带农业科学院选育澳洲坚果新品种12个，在我国主产区覆盖率达80%以上；目前全国种植面积达450万亩，居世界第一位，占全球种植面积70%以上。

【腰果】漆树科腰果属，常绿乔木。原产于巴西东北部，在南北纬31°以内的地区均有种植。16世纪引入亚洲和非洲，现已遍及非洲东部、西部和东南亚各国。世界上腰果种植面积较大的国家有越南、科特迪瓦、印度、菲律宾、巴西、莫桑比克、坦桑尼亚。腰果仁营养十分丰富，含脂肪高达47%，蛋白质21.2%，碳水化合物22.3%，尚含维生素A、维生素B_1、维生素B_2等多种维生素和矿物质，特别是其中的锰、铬、镁、硒等微量元素，具有抗氧化、防衰老、抗肿瘤和抗心血管病的作用。而所含之脂肪多为不饱和脂肪酸，其中油酸占总脂肪酸的67.4%，亚油酸占19.8%，是高血脂、冠心病患者的食疗佳果。

腰果果实

【冰激凌果】芸香科香肉属，是生长在热带和亚热带的果树。原产于东部墨西哥和中美洲及多斯达黎加。高大乔木。果近圆球形，直径7～10厘米，淡黄色，果肉黄色，有香气，味甜带苦。花期1—2月。

【巧克力布丁果】树科柿树属。原产于墨西哥。黑柿子是比较少见的柿子品种，营养价值高，所含维生素和糖分比普通水果还多，维生素C含量是普通柿子的两倍。乔木，高达20米，胸高直径达40厘米，树干通直。花期7—12月，果期9—12月。果球形，直径1～1.2厘米，鲜时绿色，干时黑色。要求年平均气温应在10℃以上，最低气温不低于−25℃，无霜期170天以上。

【余甘子】大戟科叶下珠属。余甘子是一种常见的散生树种，萌芽力强，根系发达，可保持水土，可作产区荒山荒地酸性土造林的先锋树种。树姿优美，可作庭园风景树，亦可栽培为果树。供食用，可生津止渴，润肺化痰，治咳嗽、喉痛等。初食味酸涩，良久乃甘，故名"余甘子"。树根和叶供药用，能解热清毒，治皮炎、湿疹、风湿痛等。叶晒干供枕芯用料。种子含油量16%，供制肥皂。树皮、叶、幼果可提制栲胶。乔木，高达23米。蒴果呈核果状，圆球形，直径1～1.3厘米，外果皮肉质，绿白色或淡黄白色，内果皮硬壳质。花期4—6月，果期7—9月。为阳性树种，不耐荫蔽。

【神秘果】山榄科神秘果属。主要分布于东半球和美洲热带地区，在欧洲及热带以外

的亚洲无分布。熟果可生食、制果汁、制成浓缩锭剂、果汁组合无糖柠檬冰棒（神秘果冰棒）种子可生食及制成浓缩锭剂。叶子是一种纯天然的植物味精，能用来制作各种风味的卤味；常生吃熟果或浓缩锭剂具有调整高血糖、高血压、高血脂、痛风、尿酸达正常值，缓解头痛等。果汁涂抹于蚊虫叮咬处能消炎消肿。种子可解心绞痛、喉咙痛、痔疮等。叶子泡茶或做菜能调整高血糖、高血压、保护心脏、美颜瘦身、排毒通便、控制尿酸、减轻痛风痛证、且能解酒。乔木或灌木。果为浆果，有时为核果状，种子1至数枚。性喜高温多湿，生长适温为20～30℃。

【百香果】西番莲科西番茄属。主要栽培于广东、广西、海南、福建、云南、台湾，有时亦生于海拔180～1 900米的山谷丛林中。原产大小安的列斯群岛，广植于热带和亚热带地区。主要以观赏，果汁、鲜食为主。

【番石榴】桃金娘科番石榴属。主要分布在热带地区，主要作为水果，观赏。

【红毛丹】无患子科韶子属。原产于马来半岛。红毛丹素有"果王"之称。红毛丹果壳洗净加水煎煮当茶饮，可改善口团炎与腹泻。红毛丹植株的树根，洗净加水熬煮当日常饮料，能降火解热；其树皮水煮当茶饮，对舌头炎症具有显著的功效。常绿乔木，高10余米；果阔椭圆形，红黄色，连刺长约5厘米。喜欢高温多湿，年平均温度在24℃以上，最冷月的温度要高于17℃。

【无花果】桑科榕属。原产于地中海沿岸，分布于土耳其至阿富汗，我国南北均有栽培，新疆南部尤多。新鲜幼果及鲜叶治痔疮效果良好。榕果味甜可食或作蜜饯，又可作药用，也供庭园观赏。落叶灌木，高3～10米，多分枝。榕果单生叶腋，大而梨形，直径3～5厘米，顶部下陷，成熟时紫红色或黄色。喜温暖湿润气候，耐瘠，抗旱，不耐寒，不耐涝。

【黄晶果】山榄科桃榄属。原产于亚马孙河上游的常绿果树。果实鲜吃或做水果沙拉。成年树高4～6米，叶互生，单叶簇生枝端；浆果卵圆形或圆球形，直径6～12厘米，幼果绿色，成熟时黄色，果皮光滑。喜温暖潮湿之气候，温度最好在10℃以上，20～35℃最为适合。

黄晶果果实

【人心果】山榄科铁线子属。原产于美洲热带地区，我国广东、广西、云南（西双版纳）有栽培。果可食，味甜可口；树干之乳汁为口香糖原料；种仁含油率20%；树皮含植物碱，可治热症。乔木，高15～20米（栽培者常较矮，且常呈灌木状）；浆果纺锤形、卵形或球形，长4厘米以上，褐色，果肉黄褐色。性喜高温多湿，不耐寒，生育适温22～30℃。

【莲雾】桃金娘科蒲桃属，乔木。原产于马来西亚及印度。中国广东、台湾及广西有栽培，畅销于水果市场，深受消费者青睐。在医药方面，莲雾的果实可治疗多种疾病，其性味甘平，功能润肺、止咳、除痰、凉血、收敛，因而台湾民间有"吃莲雾清肺火之说"。莲雾还可以作为菜肴，淡淡的甜味中带有苹果般的清香，食后齿颊留芳，其中著名的传统小吃"四海同心"就是以莲雾作为主要材料；宴会上还用莲雾作为冷盘。乔木，高12米。莲雾适应性强，粗生易长，性喜温暖，怕寒冷。

【荔枝】无患子科荔枝属，乔木。荔枝产于中国，主要分布于北纬18°～29°范围内，广东栽培最多，福建和广西次之，四川、云南、贵州及台湾等省也有少量栽培。荔枝营养丰富，含葡萄糖、蔗糖、蛋白质、脂肪以及维生素A、B族维生素、维生素C等，并含叶酸、精氨酸、色氨酸等各种营养素，对人体健康十分有益。荔枝具有健脾生津，理气止痛之功效，适用于身体虚弱，病后津液不足，胃寒疼痛，疝气疼痛等症。现代研究发现，荔枝有营养脑细胞的作用，可改善失眠、健忘、多梦等症，并能促进皮肤新陈代谢，延缓衰老。常绿乔木，树高通常10米左右。荔枝树喜高温高湿，喜光向阳。

荔枝果实

【油梨】樟科鳄梨属。原产于墨西哥等中美洲国家，加利福尼亚州成为世界上最大的油梨生产地。我国广东、福建、台湾、海南、云南及四川等地都有少量栽培。油梨果主要用于鲜食，油梨果实为一种营养价值很高的水果，含多种维生素、丰富的脂肪酸、蛋白质和矿质元素，是一种高能低糖水果。果仁含脂肪油，为非干性油，有温和的香气，供食用、医药和化妆工业用。常绿乔木，高约10米；果通常梨形，有时卵形或球形，长

油梨果实

8～18厘米，黄绿色或红棕色，外果皮木栓质，中果皮肉质，可食。油梨喜光，喜温暖湿润气候，不耐寒。

【火龙果】仙人掌科量天尺属。原产于中南美洲，主要分布在热带地区的东南亚、中南美洲国家以及中国、美国、澳大利亚、以色列等，我国主要分布在广东、广西、海南、云南、贵州、台湾、福建等地。火龙果具有丰富的甜菜红素、膳食纤维、矿质元素、维生素以及特有植物性白蛋白等多种营养成分，营养价值高。主要用于鲜食和果干、果汁、果酒、色素提取等加工。浆果红色，长圆形、近圆形或扁圆形，长7～12厘米，直径5～10厘米。为较典型热带、亚热带水果，喜欢光照充足的环境但耐阴，喜欢肥沃的土壤但耐贫瘠，喜欢温暖气候且耐高温但不耐寒，喜欢湿润的环境但耐旱不耐涝。

【柠檬】芸香科柑橘属。起源于印度、缅甸和中国南部地区。中国是柠檬的主要生产国，收获面积超过150万亩。柠檬果实富含柠檬酸、维生素C、维生素A、维生素B_1、维生素B_2、多酚等营养成分，具有化痰、消食、生津解暑、抗坏血酸、抗菌消炎、抗氧化、预防心血管疾病、延缓衰老等作用。柠檬果皮含黄酮类化合物，主要为芦丁、柠檬素，柠檬花、叶及果皮都含柠檬精油，可用作食品、医药、香水和化妆品等日用化工原料。小乔木，

柠檬果实

果椭圆形或卵形，果皮厚，通常粗糙，黄色，富含柠檬香气的油点。喜温暖，耐阴，不耐寒，也怕热。

【龙眼】无患子科龙眼属，乔木。原产于中国南部地区，主产于福建、台湾、广西。经济用途以作果品为主，因其假种皮富含维生素和磷质，有益脾、健脑的作用，故亦入药；种子含淀粉，经适当处理后，可酿酒。树高通常10余米，果近球形，通常黄褐色或有时灰黄色。喜温暖湿润气候，能忍受短期霜冻。

龙眼果实

【杧果】漆树科杧果属，常绿乔木，别名芒果。为热带著名水果，汁多味美，还可制罐头和果酱或盐渍供调味，亦可酿酒；果核疏风止咳；叶和树皮可作黄色染料。树高10～20米，核果大，肾形（栽培品种其形状和大小变化极大），长5～10厘米，宽3～4.5厘米，成熟时黄色，中果皮肉质，肥厚，鲜黄色，味甜，果核坚硬。芒果性喜温暖，不耐寒霜。温度最适生长温度为25～30℃，低于20℃生长缓慢，低于10℃叶片、花序会停止生长，近成熟的果实会受寒害。

【菠萝蜜】桑科波罗蜜属，常绿乔木。菠萝蜜以果实、种仁入药，果实用于酒精中毒，种仁用于产后脾虚气弱，乳少或乳汁不行；心材的锯屑可提取黄色染料，用以染衣物。可作

杧果果实

城市或工矿区净化空气的绿化树种。树高10～20米，胸径达30～50厘米；老树常有板状根；强阳性树种，最喜光。

【榴莲蜜】桑科波罗蜜属。原产于婆罗洲、文莱、印度尼西亚等，我国海南、福建、广西、广东和云南有少量栽培。成熟果实种子周围的果肉，味道宜人，甜酸度低，纤维性比菠萝蜜好，生吃、煮熟或各种各样准备；叶子和果实可以饲养动物。落叶常绿乔木，树高5～20米，果实在7～10厘米长的花序梗上；每粒果实15～100粒，卵形稍扁平，呈浅棕色，周围有绿色，黄色或橙色的肉质假种皮。适生于年平均气温在22～24℃以上，最冷月平均气温不低于12℃，绝对低温不低于0℃，积温在7 500℃以上，年降水量1 200～1 800毫米的地区。

【面包果】桑科波罗蜜属。产于太平洋群岛及印度、菲律宾，为马来群岛一带热带著名林木之一，我国台湾、海南亦有栽培。面包果果实富含淀粉，食用前通常以烘烤或蒸、炸等方法料理，味如面包，松软可口，酸中有甜，常被用作口粮；亦可用作行道树、庭园树。聚花果倒卵圆形或近球形，长15～30厘米。为热带树种，阳性植物，生长快速。需强光、耐热、耐旱、耐湿、耐瘠、稍耐阴。生育适温为23～32℃。

面包果

【嘉宝果（树葡萄）】桃金娘科树番樱属。原产于南美洲的巴西、玻利维亚、巴拉圭和阿根廷东部地区。嘉宝果是一种集美容、保健、药用为一体的特种水果，在园林、食品、医药保健品等领域都有较高的利用价值；制作成果汁、果酱、果酒等营养保健品价格高昂，具有较高的经济效益。常绿灌木，树高4～15米；果实球形，果实从青变红再变紫，最后成紫黑色；成熟的果实直径1.5～4厘米；喜温暖湿润的气候，一般生长在海拔1 000米以上，年降水量1 200毫米的地区，适宜温度22～25℃，具有一定的耐低温特性。

嘉宝果

【黄皮】芸香科黄皮属，常绿小乔木。黄皮是我国南方果品之一，除鲜食外尚可盐渍或糖渍成凉果；有消食、顺气、除暑热功效；根、叶及果核（即种子）有行气、消滞、解表、散热、止痛、化痰功效；治腹痛、胃痛、感冒发热等症。据记载，黄皮寄生也有类似功效。果圆形、椭圆形或阔卵形，长1.5～3厘米，宽1～2厘米，淡黄至暗黄色，被细毛，果肉乳白色，半透明。性喜温暖、湿润、阳光充足的环境。

【凤梨】又名菠萝，凤梨科多年生常绿草本植物，是热带有名的水果之一。原产于南美洲，我国栽培历史约800余年。凤梨具有较强的经济价值，果实品质优良，甜酸适口，有特殊的香气，富含糖类、维生素等，特点含有一种天然的消化成分，称凤梨酵素，能分解蛋白质，帮助消化，促进食欲，对于饮食保健最为有益。果实除鲜食外，还可制罐头、果汁、饮料、凉果等，叶片可提取纤维，供造纸、绳索、制作上乘的衣服、毛巾、袜子、凉席等（菠萝麻纤维可有效抑制细菌的滋生和杀死部分细菌）。

凤梨果实

【番木瓜】番木瓜科番木瓜属。原产于热带美洲，我国福建南部、台湾、广东、广西、云南南部等省（自治区）已广泛栽培，广泛种植在世界热带和较温暖的亚热带地区。番木瓜果实成熟可作水果，未成熟的果实可作蔬菜煮熟食或腌食，可加工成蜜饯，果汁、果酱、果脯及罐头等；种子可榨油；果和叶均可药用。

【杨桃】酢浆草科阳桃属，乔木，高可达12米，分枝甚多。原产于马来西亚、印度尼西亚，广泛种植于热带各地。以根、枝、叶、花及果实入药。主要以果实食用以及加工渍制成咸、甜蜜饯之用。味酸甘性平，有生津止咳、下气和中等作用，可解内脏积热、清燥润肠、通大便，是肺、胃热者最适宜的清热果品。可保护肝脏、降低血糖、血脂、胆固醇，减少机体对脂肪的吸收，对高血压病、动脉硬化等疾病有预防作用。能迅速补充人体的水分，生津止渴，并使体内的热或酒毒随小便排出体外，消除疲劳感。可消除咽喉炎症及口腔溃疡，防治风火牙痛。

金星果果实

【金星果】山榄科金叶树属。原产于加勒比海、西印度群岛。20世纪60—70年代

从东南亚引入中国海南、广东、台湾、福建、云南等地栽培果肉白色，半透明，质地柔软细滑，味甜可口微有香味，宜鲜食，可制成蜜饯。金星果树形优美，枝条软垂，叶面深绿光亮，叶背金黄色，故被人戏称为"两面派"。其独特的金黄色发亮叶片造成一种碧果金叶四季常"金"的美景，尤其在深秋时节给人一种春意盎然的感受，因此非常适宜作为景区、公园、行道庭院的绿化树种。

【蛋黄果】山榄科蛋黄果属。原产于古巴和北美洲热带。蛋黄果是热带水果，又名狮头果，4—5月开花，8月至翌年1月果实成熟，成熟果实黄绿色至橙黄色，富含淀粉，质地似蛋黄且有香气，故名蛋黄果。果实除生食外，还可制果酱、冰奶油等。

蛋黄果果实

（四）热带海洋生物资源展览馆

热带海洋生物资源展览馆占地900米^2，以展示南海各种海洋动物资源为主的海洋科普基地。展示各种海洋动物标本600多种，其中贝类约400种，甲壳类160余种，其他类标本约50种。收集了较为全面的南海贝类与甲壳类动物标本，包括海洋最大的贝壳—砗磲，以及4大名螺（万宝螺、唐冠螺、鹦鹉螺、凤尾螺）。畅游其中，领略海洋动物的缤纷色彩、奇异外形与生活习性，了解海洋动物世界奥妙，挖掘海洋动物独特价值。

本馆是由农业农村部的项目"南海生物资源调查与评估"支持而建立，绝大部分的标本是南海科考过程中采集回来的样本制作而成。本馆分为4大区域：棘皮动物区和鱼类区、甲壳动物区、软体动物区和活体生物区。

1.棘皮动物和鱼类区

【石笔海胆】热带珊瑚礁内著名的海胆。它跟我们平常印象中的海胆不一样，棘刺粗壮，下部为圆柱状，上端膨大为球棒状，颜色很漂亮，像石头做成的笔，因此而得名。海胆是海藻养殖的天敌。

【海蛇尾】棘皮动物还有海星、海蛇尾、海参。海蛇尾的结构与海星相似，腕特别细长，盘与腕之间有明显交界，没有吸盘。

【软珊瑚】网扇软柳珊瑚、日本黑角珊瑚。

【鱼类】小型鲨鱼、南海著名的食用鱼类马鲛鱼、石斑鱼、刺鲀、鹦嘴鱼、海鳝。

2.甲壳动物区

【美洲螯龙虾】俗称的波士顿龙虾，在分类学不是真正的龙虾，有1对大螯，属于海螯虾；波纹龙虾和长足龙虾才是真正的龙虾，没有1对大螯。

【皇帝蟹】 学名巨大拟滨蟹，是世界上最重的蟹，最重可达36千克。

【帝王蟹】 我们食用的帝王蟹主要产自俄罗斯和美国阿拉斯加。比较可以发现一般的蟹都有4对步足，帝王蟹只有3对步足，最后1对小步足已经退化，藏到了背甲里面，像雨刷器一样用于清洁自己的腮部。

【巨螯蟹】 世界上最大的蟹，最大的腿展开后长4.2米。

【椰子蟹】 最大的陆生蟹类，也是最大的陆生节肢动物。体重最高可达6千克；有两只强壮有力的巨螯，是爬树高手，尤其善于攀爬椰子树，因为它们可以用强壮的双螯剥开坚硬的椰子壳，以吃其中的椰子果肉而得名。

【日本拟人面蟹】 人面蟹科，产地为东海、南海。

【巨型深水虱】 浪飘水虱科，产地为南海。

【砗磲】 砗磲科，是海洋中最大的双壳贝类之一，被称为"贝王"。通常以足附着在珊瑚礁上生活。砗磲外套膜内有大量的虫黄藻，借助膜内玻璃体聚光，可使虫黄藻大量繁殖，二者形成互利共生的特殊关系。这种单细胞藻可在砗磲体内循环，并可进行光合作用，供砗磲丰富的营养。砗磲的外套膜边缘有一种叫玻璃体的结构，能聚合光线，可使虫黄藻大量繁殖。有的砗磲还能产生珍珠。

> **科普小故事**
>
> 　　第一个吃螃蟹的人：据传，最早吃螃蟹的人是几千年前的一个叫巴解的人。江湖河泊里有一种双螯8足，形状凶恶的甲壳虫。不仅挖洞使稻田缺水，还会用螯伤人，故称之为"夹人虫"。后来，大禹到江南治水，派壮士巴解督工，夹人虫的侵扰，严重妨碍着工程。巴解想出一法，在城边掘条围沟，围沟里灌进沸水。夹人虫过来，就此纷纷跌入沟里烫死。烫死的夹人虫浑身通红，发出一股引人的鲜美香味。巴解好奇地把甲壳瓣开来，一闻香味更浓。便大着胆子咬一口，谁知味道鲜透，比什么东西都好吃，于是被人畏惧的害虫一下成了家喻户晓的美食。大家为感激敢为天下先的巴解，用解字下面加个虫字，称夹人虫为"蟹"，意思是巴解征服夹人虫是天下第一食蟹人。

虾蟹的换衣： 甲壳动物在成长过程中要经历多次换衣（蜕皮）。其坚硬的外皮对躯体、内脏起到了很好的保护作用，同时有利于肌肉的附着，但也限制了动物的生长，因此其身体的增大必须伴随着的周期性的蜕皮。在蜕皮过程中，动物摄入水分，使柔软的新皮膨胀，这种体型上的增大不是真正的生长，是为了使外皮硬化成为一个更大的甲壳，在蜕皮之后，在甲壳内慢慢积累新的组织才是真正的生长。

3. 软体动物区 软体动物门是动物界中除了节肢动物门外的第二大门类动物，其数量在海洋中最多，全世界13万种以上。海洋软体动物中，大量的种类与人类生活十分密切。

食用价值：海产的鲍鱼、玉螺、香螺、红螺、东风螺、泥螺、蚶、贻贝、扇贝、牡蛎、文蛤、蛤仔、蛤蜊、蛏、乌贼、枪乌贼、章鱼，淡水产的田螺、螺蛳、蚌、蚬，陆地栖息的蜗牛等肉味鲜美，含有丰富的蛋白质、无机盐和维生素，具有很高的营养价值。

药用价值：鲍的贝壳（中药称石决明）可以治疗眼疾；宝贝的贝壳叫"海巴"，能明目解毒；珍珠是名贵的中药材，有平肝潜阳、清热解毒、镇心安神、止咳化痰、明目止痛和收敛生机等作用；乌贼的贝壳叫"海螵蛸"，可以治疗外伤、心脏病和胃病，以及止血；蚶、牡蛎、文蛤、青蛤等的贝壳也是中药的常用药材。从鲍鱼、凤螺、海蜗牛、蛤、牡蛎、乌贼等可以提取抗生素和抗肿瘤药物。

装饰价值：很多贝类的贝壳有独特的形状和花纹，富有光泽，绚丽多彩，各种芋螺、凤螺、梯螺、骨螺、扇贝、海菊蛤、珍珠贝等是古今中外人士喜欢收集的玩赏品。有些贝类，如蚌、贻贝、鲍、唐冠、瓜螺等是制作螺钿、贝雕和工艺美术品的原料。

【南方芋螺】芋螺科，产地为南海。

【金星眼球贝】宝贝科，产地为东海、南海。

【油画海扇蛤】扇贝科，产地为南海。

4.活体生物区

【藻类与光合细菌】这里展示的是两套光生物反应器。绿色的是一种海洋微藻，叫小球藻，可以用于污水处理、作为天然的营养保健添加剂，以及水产苗种的生物饵料。

微藻为一类单细胞真核生物，位于食物链低端，是地球生命世界初级生产者，可直接利用阳光、二氧化碳、氮、磷等元素快速生长，全球已知的微藻藻种类达到2万多种。红色的是光合细菌，一类能够进行光合作用但不产生氧气的细菌。富含类胡萝卜素等营养成分，可用于净化水质、水产苗种的生物饵料、水产饲料添加剂、水产动物抗病防病和生物制氢。

【海葡萄】这是海葡萄，学名叫长茎葡萄蕨藻。富含各类营养物质，食用口感独特，被誉为"绿色鱼子酱"。

5. 热带淡水生物区
展示的有樱花虾，还有海南野外采集中华小长臂虾，热带淡水观赏鱼、观赏螯虾等。

【红螯螯虾】澳洲淡水龙虾，是目前正在发展的一个比较有潜力的养殖品种。它的个头大，一般75克到100克上市，在海南的养殖周期大概5个月；而且出肉率高，抗病力强，价格比较高，是一种比较高端的小龙虾。目前的养殖技术还不够成熟，一般产量在150～200千克/亩。

【紫地蟹】跟澳大利亚圣诞岛的红蟹一样，它们平时栖息于陆地潮湿的洞穴石缝中，到繁殖时期集体迁移到海边交配产卵，幼蟹在海里孵化变态完成之后，再回到陆地上生活。它们是可以食用的一种蟹类，带有甘苦的味道，在海南俗称药蟹；因为价格比较高，目前也没有出台相应的保护措施，它的种群数量在我国已经处于濒危状态。

【龟蛋孵化器】亚洲巨龟是亚洲四大巨龟之一，最大背甲长度近50厘米，可达15千克；寿命一般约80年；它以素食为主，生长速度快。另外，8种是我们人工繁殖的龟类，有一种较特别的龟类，叫圆澳龟，也叫红腹部侧颈龟。在我们一般的印象当中，龟类都是缩头的，这种龟类不一样，它的脖子比较长，是侧颈的。

（五）热带海岛珍稀药用植物馆

热带海岛珍稀药用植物馆是以展示海南本土民族药用植物和热带岛屿珍稀植物为主，集科研性、观赏性、科普性于一体的黎药南药现代化展示温室。展示各种黎药南药约300种。在这里不仅可以见到海南地不容、海南大戟、海南苏铁、保亭花等海南特色药用植物，同时还可以观赏到橙花破布木、银毛树、水芫花、海人树等岛礁植物。

本馆收集引种的许多种形态各异，花色优美的秋海棠科和苦苣苔科植物，这些植物大多喜欢生活在多岩石的地区，需要较高的湿度才能存活，一些种类药用，可以治疗跌打损伤、筋骨肿痛、风湿麻木等疾病，也有一些种类可以作为野菜食用。

海南岛及其周边岛屿分布着超过4 000种维管植物，其中大多有药用价值，由于生境破坏和资源过度利用导致许多种类濒临灭绝。为了保护重要的热带珍稀药用植物和岛礁植物资源，对特色热带地区以及岛礁的珍稀药用植物资源进行引种、驯化、保育和品种选育，并开展栽培技术等展示。在这里我们将从独特的视角为您展示不一样植物世界。

藤蔓植物区：主要是引种的马兜铃属植物，这类植物大多含有马兜铃酸，可以治疗各种炎症，但是对肾和肝脏有毒性，目前已经禁止作为中成药原料。另外它的花通过模仿腐肉的颜色和气味，可以吸引蝇类传粉。其次就是具有很好观赏价值的球兰类植物，花序成球状，花香艳丽，一些种类具有接筋骨、活血化瘀等功效。

藤蔓植物主要是海南特有的药用藤蔓植物，包括治疗跌打损伤，祛风散瘀，消肿止痛的宽筋藤、海南地不容、黑骨藤、断肠花和宽药青藤等。朱砂莲可以用来治疗毒蛇咬伤和各种炎症肿痛，其红色的色素可以用来染高档的红色、棕色棉布和丝绸。

沉香树，学名叫白木香，是我国特产。普通的沉香树白木是不能用的，沉香为沉香属或拟沉香属植物受伤所产生的含有树脂的木材，是我国珍贵南药，在传统医学中沿用了几千年，被誉为"药中黄金"。沉香是四大名香"沉檀龙麝"之首，广泛用于医药、香薰和宗教文化等方面。海南自古盛产沉香，是我国沉香的主产地之一，海南沉香，一片万钱，冠绝天下。研发有各种沉香线香、香水化妆品的系列产品，选育出3个具有良好结香性能的沉香新品种。

姜科植物区：我们可以看到盛开的姜花、野菜雷公笋是闭鞘姜的嫩茎，紫色姜、海南砂仁、海南假砂仁、益智、假益智、华山姜、滑叶山姜、茴香砂仁、红茴砂、紫茴砂等作为香料和调料以及药用。中间这棵树叫胆木，是海南红军的军用创伤药，也可以治疗各种呼吸道和消化道炎症，用来烧水洗澡，可预防和治疗各种无名肿毒。

姜科植物，很多种类是重要香料和药用植物，像益智、高良姜、草豆蔻等，开发有一系列的益智和高良姜系列产品，具有开窍醒脑、温胃止呕、散寒止痛等功效。姜黄有

很好的抗氧化的作用，少数民族用来作为五色饭的黄色染料，也可以用来染布匹和制作咖喱。

水生植物区：有海南特有的水生植物水角和异叶水车前，食虫植物猪笼草，还有保护植物水蕨和邢氏水蕨，以及红树林植物，红榄李、老鼠簕、海莲、海榄雌等。水蕨和沼菊能茎叶可以作为野菜食用。端午节用来烧水洗澡的菖蒲和石菖蒲，具有驱邪防疫的功效。

海南食用野菜，地胆草—地胆头鸡汤，刺芫荽—野香菜，十万错—血通菜，土人参和棱轴土人参，红凤菜—观音菜，白子菜，紫苏等都具有很好的保健功效。

肾茶，又名猫须草，具有利尿、排石和治疗肾炎肾结石等功效。

菊三七属植物区：有山芥菊三七、白子菜和卧茎菊三七等，均可以作为野菜食用；白花曼陀罗，晒干的花是传说华佗发明的麻沸散的主要成分，其含有的托品烷类生物碱具有麻醉，止痛的功效。

耐盐碱的蔬菜，收集了在三沙岛礁科研调查收集的各种耐盐碱的岛礁植物，如海岸桐、小叶九里香、翼叶九里香、补血草、海岛藤等，是南海西沙岛礁主要蔬菜和绿化植物种苗。

裸子植物和蕨类植物区：种植有海南珍稀的海南粗榧，可以提取抗癌药物三尖杉酯碱。几种珍稀的苏铁科植物，有海南苏铁、德保苏铁、多歧苏铁、叉叶苏铁；白桫椤、笔筒树、大叶黑桫椤、苏铁蕨、食用蕨类（食用双盖蕨）；石斛是附生植物，一些种类开花艳丽的天宫石斛、麝香石斛等有很好的观赏价值，是名贵的热带兰花，一些种类如铁皮石斛、金钗石斛等种类具有很好的抗炎症、抗氧化、软化血管、治疗心脑血管等功效，还有一些种类也是很好的药食同源植物，可以保护嗓子，用来炖鸡等。基于石斛的功能活性成分研究，研发了保健酒和石斛系列化妆品等产品。

（六）热带生态农业科技馆

热带生态农业科技馆全馆占地2 400米^2，分为生态种植区和特色场馆区，种植区是一个节能环保型的玻璃大棚，使用自动化通风和光照控制系统，以及馆内的循环水系来完成棚内温、湿度控制，当馆内温度达到30℃时，上方的窗板会自动张开进行通风，温度达到37℃时，上方通风机会自动进行通风；室外光照强度达到6万勒克斯时，第一层遮阳网会展开，达到12万勒克斯时，第二层遮阳网会展开，并通过循环的流水，带走部分热量，在夏季高温时也能控制棚内温度在42℃以下，保证作物的正常生长。如果出现5级以上大风天气，大棚会进入封闭状态，窗板全部关闭，收起遮阳网，保证棚内作物的安全。

1.水旱轮作与复合种养区 南方水田生态种养模式，我国南方水稻种植面积在逐年减少，其中最主要的原因就是种粮效益不高。但粮食是保障国家安全的重要战略储备物资，如何保证南方水田不撂荒，提高农民种植水田的积极性是关键。开展水旱轮作与复合种养，是提高农田单位经济效益的生态种养模式（从4月开始种植1季水稻，同时开展鱼虾与水稻的复合种养，在7—8月水稻收割后，在水田放入水生植物大藻净化水质，10月可收获养殖鱼虾25～50千克，当年11月至翌年3月种植1季瓜菜、菜用甘薯等短期经济作物，年亩产值在1.2万～2.5万元），可较大幅度的提高单位农田收入水平，并且通过水旱轮作，减少土壤板结和土传病害的发生，降低冬季瓜菜病害的发生，水生植物和鱼粪回田可以减少肥料的使用量，整个种养过程不使用化学农药。

绿藻为什么会产生呢，因为水里有养分，会长很多的绿藻，通过养鱼可以把绿藻吃掉。养分是由于我们种完菜以后，会有肥料流失到水系里面，水系的循环通过鱼吃绿藻，排出的粪便成了肥料，供应给水中作物，于是这就成为一个循环。

2. 基质化利用栽培区　我国是农业大国，也是世界上农业废弃物产出量最大的国家，我国热带地区每年产生的香蕉茎叶就有2 800万吨，甘蔗叶是3 600万吨，菠萝叶是1 000万吨。研发的农田废弃物生产食用菌基质技术，还有菌渣的基质化、肥料化利用技术，可实现秸秆废弃物充分的循环利用，利用研制的低硝酸盐栽培基质种植的野菜也是一种很好的模式。先用秸秆粉碎后生产蘑菇，再用菌渣混合秸秆、牛粪等养殖蚯蚓形成蚯蚓粪有机肥，再与秸秆、生物炭、植物生长促生菌、拮抗微生物合理搭配，最终形成低硝酸盐种植基质，整个过程农田废弃物利用率可达到90%。

3. 特色水果生态种植区　特色水果品种有燕窝果、鱼子柠檬、花生奶油果、无花果、树葡萄、释迦果等。全区使用蚯蚓粪有机肥作为基肥，在种植过程中施用淡紫拟青霉、枯草芽孢杆菌等有益微生物，来预防根结线虫和土传病害的发生，并通过防虫网、黄板等物理手段控制虫害的发生。

燕窝果，又称黄色火龙果，麒麟果，结果期在160～210天才成熟，果实在树上的时间要够久，接受日光能源够多，糖分才会贮存充足，且由于果实长得慢，果肉呈透明，汁丰润喉，果肉结构呈细丝状，滑如燕窝，甜度皆在18度以上，与甘蔗汁同甜，又有些许香味，为仙蜜果家族中之极品。

鱼子柠檬，又称鱼子酱柠檬，果皮和果肉颜色像彩虹色一般，有红、黄、紫、绿、青、黑、褐等多种。果实可制糖水汁胞罐头，果肉还可以加工制成酱和醋，此外，还用于制造伏特加酒和杜松子酒。指橙还富含柠檬酸和维生素C，将其研磨成黏状物后，每天涂擦脸部，能有效祛除粉刺、斑点，使肌肤保持白皙、细腻。

花生奶油果，果实鲜红，有花生的香气，奶油的口感，营养丰富，一年四季结果，适合观赏。

黄龙释迦果，释迦果中的黄金巨无霸，金黄色，非常可口，果肉很软又甜，为热带地区著名水果，含蛋白质2.34%，脂肪0.3%，糖类20.42%；种子含油量达20%。

树葡萄（嘉宝果），果实软糯香甜，海南每年结果3批，较丰产，是一种集美容、保健、药用为一体的特种水果。在园林、食品、医药保健品等领域都有较高的利用价值，制作成果汁、果酱、果酒等营养保健品具有较高的经济效益。

4. 物种多样性控制病害展示区 我们生活的地球上有许许多多的生物，有植物、动物和微生物等，构成整个生态系统。生态系统中某个环节出现了问题，那可能就会导致次要病虫害的大发生，保持良好的生态平衡，就能在一定程度上控制病虫害的发生。由热带地区高大与低矮，喜阳与喜阴，深根系与浅根系等不同类型植物构成的一个小型丘陵复合生态群落，除了我们看到的植物，还有更多我们肉眼看不见的微生物，比如土壤中就含有很多的细菌、真菌、放线菌、藻类等。通过改变根际土壤的微生物群落类型，加入光合细菌、乳酸菌群、酵母菌群、放线菌群、丝状菌群等几十种微生物，可以产生抗氧化物质，清除氧化物质，消除腐败，抑制病原菌，形成适于植物生长的良好环境，抑制病害的发生。

中心岛上打造小的微生物群落循环圈，重点对3个种植产业影响非常的大香蕉黄叶病、柑橘黄龙病、槟榔黄化病进行防治。在小岛里的作物中，这些病害基本上都没有了，通过有益微生物占据根际生态位，增强植物根部对营养的吸收，强化整个植物对病害的抵抗能力，并结合释放天敌昆虫控制传毒昆虫的数量，来减少病害的发生或带病但不表现出症状出来。

5. 特色蔬菜生态种植区 人参菜，主要食用嫩茎叶和地下膨大的肉质根，人参菜可辅助治疗气虚乏力、体虚自汗、脾虚泄泻、肺燥咳嗽、乳汁稀少等症，还具有通乳汁、消肿痛、补中益气、润肺生津等功效。

菜桑，多数的桑树品种是用来养蚕用的，这里的种植的桑树品种的嫩叶可用来食用，可辅助治疗发热头痛、咳嗽胸痛、干咳无痰、风热和目赤肿痛等。

芦笋，含有丰富的B族维生素、维生素A以及叶酸、硒、铁、锰、锌等微量元素，在国际市场上享有"蔬菜之王"的美称，具有调节机体代谢，提高身体免疫力的功效。

6. 昆虫标本馆 来到昆虫标本馆，首先映入我们眼帘的是入侵我们海南的昆虫椰心叶甲，它是我国重大危险性外来有害生物，之前在海南造成非常严重的灾害，在路边的椰子树上有像火烧过一样，那就是椰心叶甲危害的。椰心叶甲会危害椰子的新叶，最严重的时候可以造成整株死亡。对于椰心叶甲的防治，是通过天敌生物防治，用椰心叶甲啮小蜂和椰甲截脉姬小蜂。

红火蚁是全球公认的百种最具危险入侵物种之一，它已经上升为重大检疫性害虫、公共卫生害虫。部分敏感的人如果被红火蚁咬过会致死。

草地贪夜蛾，近两年来发现较多。海南是草地贪夜蛾的一个前哨站，因为在海南全年它都可以生长，不像北方到了冬季它就会因为天气寒冷被冻死。

昆虫里面最常见的就是以虫治虫，就是昆虫的天敌，比如黄胸蓟马是海南三病一虫里面最重要的一个害虫，现在可以用翅小花蝽来防治蓟马。也用螨来治螨，以螨治螨然后又以虫治螨，这就是用天敌的方式来压制害虫。

7. "一蜂一世界"展示区 蜜蜂展示区可以看到不同的蜂种，蜜蜂的分工也分了很多种类：蜂王是专职产卵，肩负着繁衍后代的社会重任。它的身体发展得很健壮，大腹便便，体重是工蜂的两倍，在产卵期间，蜂王每天都要让工蜂饲喂蜂王浆，以促进快速代谢，保持旺盛的产卵能力。任务最重的是工蜂，它们各司其职，有筑巢蜂、采花蜂，还有专门照顾蜂宝宝的，做清洁的和当保安的等工蜂。

蜜蜂一开始是一个长长的卵，然后经过不断地变化，最后变成成虫，成熟以后它就破茧而出。为什么有些蜂天生就是蜂王，有些蜂生出来是工蜂呢？这是因它所吃的不同食物的营养而不同。吃的蜂王浆出来就是蜂王，吃的是普通的花蜜，出来的就是干活的工蜂。

8. 循环农业展示区 循环农业主要的是以食用菌为主的一个循环农业展示。食用菌在生产的过程它就存在尾渣，还有菌渣。菌渣作为肥料养鱼、养黑水虻。黑水虻也可以处理厨余垃圾，然后它也是作为一个高档养鱼的饲料，主要是喂养观赏鱼的。食用菌还可做成饲料，它可以喂鸡、鸭、牛、羊。动物产出来的一些粪便，又送到蚯蚓这边，通过蚯蚓处理以后，它就会变成更好的一个有机肥。因为蚯蚓粪不像动物这种刚排出的粪便需要腐熟以后才能够使用，蚯蚓粪可以直接使用，它就不需要再进行一个腐熟，所以是作为一个比较好的有机肥产品，种植一些有机的果蔬产品。

（七）热带作物品种资源展示园

热带作物品种资源展示园占地 1 700 米^2，是一座展示热带植物多样性的现代化温室。园内分设热带雨林区、花卉园艺区、南药区、果树区、标本区、科普区、成果展示区和产品销售区。

1. 热带雨林区 人类对植物开发利用都是来自大自然启发，所以我们结合植物生境进行造景。首先映入我们眼帘的是多姿多彩的石斛兰。石斛兰是石斛属兰花的统称，它是兰科中最大的属之一。石斛一名始见于《神农本草经》，有"附生于树上"之意。石斛属植物不仅具有药用价值，同卡特兰、蝴蝶兰、文心兰同为世界上四大观赏洋兰。中国原产80种左右，附生于海拔480～2 400米的热带雨林中的树干或树杈上和阴湿的石块上。秋石斛是观赏石斛中的一类，被称为"父亲之花"，有秉性刚强、祥和可亲之意。这些石斛兰都是科研人员选育的杂交后代。

蝴蝶兰的新品种—霞光，于2019年获得国家农业农村部新品种权。竹叶兰有较好的观赏价值，并具有清热解毒之功效，于2018年通过海南省品种审定，并在园林中进行了应用推广。

鹿角蕨在东南亚国家比较多，我国云南有，这是国家二级保护植物，它因长得跟鹿角一样而得名。

红掌有大展宏图之意，而且花期长，花色艳丽，在国内外市场都十分受欢迎。已经育成大量的后代，其中"火焰"已经进行了新品种权的转让。除了盆花红掌，还有许多颜色丰富的切花型红掌，有绿色、白色、咖啡色等。

鹤蕉，原产于马达加斯加等热带地区，中国热带农业科学院通过海南省品种审定的鹤蕉品种有2个。

凤梨的种类也是十分丰富，有珊瑚凤梨属、水塔花属、果子蔓属、彩叶凤梨属、铁兰属和莺歌属等6个类群。在很多公共空间中摆放的"鸿运当头"就是积水凤梨的一类。

长春花药用价值比较高，淋巴癌用药最有效的一个成分就是长春花里面提的长春花碱。长春花碱在中国进口药里是最贵的药之一，按毫克计费，1毫克大概是8万美元。在海南玫红色的长春花很常见，绽放在海滨、野外和公路两边。

睡莲有水中睡美人之称，是一种古老的植物，具有独特的进化地位和重要的研究价值。据史料记载，最早发现于白垩纪时期的俄罗斯额比河流域，最早进行人工栽植的是埃及，已有4 000多年的历史。同时，睡莲也是埃及的国花。睡莲也叫"双面夏娃"，既象征纯洁天使，也是妖艳恶魔的化身。

大自然中有会吃肉的植物，比如：猪笼草、捕蝇草、瓶子草、茅膏菜等。科学家发现，当一只昆虫误入到食虫茅膏菜的黏性触须上时，后者的叶子会卷成一种外胃式的样子，并在其中消化这些猎物。这不仅仅是一种条件反射，更是一种捕捉和吞噬活猎物的复杂化学系统。瓶子草是叶子的变态，在海南有自然分布，叶子发育早期是没有瓶子的。在自然环境下，它虽然可以获得光合作用，但是它的光合作用满足不了它生长需求，需要通过昆虫腐解后获得营养，这也是植物生存的策略之一。笼盖下表面的基部具有两个齿状的尖刺。这两个尖齿可能是用来引诱昆虫爬到笼口的正上方，昆虫一不小心就会坠入笼子中，之后被消化液淹死。同时，捕虫笼的内表面具有作用类似的光滑蜡质区，可防止猎物从笼中爬出。瓶子草也是笼状捕虫器类型的，为了解决捕虫瓶中液体过度而导致倒伏的问题，进化出了瓶盖。瓶盖是位于瓶口的一片宽大的叶状结构。它覆盖了整个瓶口，使得雨水不能进入其中。瓶子草具有分泌蛋白酶和磷酸酯酶的能力，蛋白酶和磷酸酯酶可将蛋白质和核酸分解，释放出氨基酸和磷以供瓶子草吸收。由此可猜测瓶子草进化出瓶盖也许是为了防止消化酶的流失。

瓶子草

三角梅原产南美洲，又名叶子花、宝巾花、勒杜鹃、九重葛，现在也是全世界很多国家和地区，包括很多城市的市花、省花，海南的省花就是三角梅，厦门也将三角梅作为市花，很多国家都喜欢，品种很多，而且花期很长。

2.家庭园艺区　主要种植了一些家庭中可种植的可食、可赏的植物。目前种植的蓝雪花、观赏向日葵、飘香藤、四季山茶、鼠尾草都是能适应海南气候，而且花开不断的优良植物资源。这边还有几株果树，有柠檬、神秘果、金星果等。

3.南药区　集中展示的主要是南药种类中一些比较大众的药材，还有一些选育的品种，比如琼中1号、琼中2号益智。还有小豆蔻，东南亚引过来胖大海等。从美国引进的红葱头，可以用于补血、心脏病治疗，可以做菜、泡酒。

在海南开花时间比较长的，可以达到全年开花的，就是肾茶，也叫猫须草，它的雄蕊像猫的胡子。肾茶平时可以做茶叶喝，主要是肾水肿、肾炎、肾结石等症状有治疗作用，用它的蒂上部位、枝条、根、叶煮水来喝。

土人参，长到1年左右跟人参的形状是一样的，是很滋补的药，根茎可以用来做强壮剂，原产地在美洲，在美洲过去被用来泡酒，或者烹煮。另外，它的叶子是一个很好的药食同源的植物，夜间盗汗、身体比较虚弱，比如刚手术后身体恢复不过来，叶子烫一下凉拌就可以吃，口感很好。

姜科植物，有草豆蔻、益智、高粱姜、红豆蔻、泰国辣姜等，都是比较著名的姜科植物。它们的花也不一样，姜属开花是茎上开花，这种开花就在地上，所以你看不到花。姜科植物在我国重点药材里面是最大的一个科，药用最广泛，比如世界上用量最大的药用植物姜黄，在化妆品、药品、食品、工业用量都比较多，药用方面主要是做复合栓剂、抗癌药。我国华南地区内热的人比较多，热气会导致痔疮，用姜黄煮粥或者煮早茶，能减轻内热症状。印度人也吃这个，所谓咖喱粉就是姜黄粉。广东、广西、海南地区也会用这个作食品染色剂，比如做盐焗鸡、彩色饭。姜黄主要的成分叫姜黄素，姜黄素是决定姜品种好坏关键，中国热带农业科学院现在有个很好的品种，姜黄素含量达到9%，是普通品种的3倍。

砂仁，是南方比较著名的药材。砂仁面积最大的是在云南，原产在广东阳春。分辨砂仁看叶舌，海南砂仁的叶舌达到2～3厘米，阳春砂是没有叶舌的。然后海南砂仁是红色，它有个特点是网格脉很明显，叶鞘就像网格一样。

金不换，也叫地不容，块根很大，就长在地上，长在藤上的叶子像金钱，块根像乌龟，藤可以长很长，顺着藤牵出块根，像钓到一只乌龟。它有个功效，对感冒喉咙发炎疗效好。

忧遁草，是爵床科植物，在热带地区，海南岛有些分布，在民间可以做枪刀治疗，刀伤砍伤可以用来生筋生肌。忧遁草在民间很实用，嫩叶可以做炒菜吃的。药用价值最高，对治肝癌和肺癌效果很明显，它利尿效果很好，可以做菜做茶。

广藿香，在60年代引进到中国，就是我们讲的藿香正气水。它有一个很好的功效，

抗疟效果比较好，特别是发生战争洪水地震等灾害的时候，给大家分发的药品最好就是藿香正气水，对腹泻、晕车、晕船很有效，甚至疟疾等早期症状喝这个很管用。

艾纳香，里面含的是精油，主要天然成分是左旋龙脑，左旋龙脑在消炎用药里是最管用的一个成分。在我们国家的药典里面，大概有200种药是加了天然冰片的，天然冰片的原料就是艾纳香。还有一个右旋龙脑，右旋龙脑主要是在黄樟香樟里面提取，也叫龙脑樟，就是通常说的提取冰片（也叫冰片），很多我们口含的一些解毒片，牛黄解毒片等，药片里面都含有冰片。艾纳香的最大用量是在民间，把老叶子晒干后，产后防痛风、风湿关节炎可以用。

4.标本区　标本是我们研究植物资源的基础材料之一，主要是展示的是牧草、南药、花卉、蔬菜等标本。有蜡叶标本、浸泡标本、包埋标本等。包埋标本是通过特殊的干燥处理技术，使植物保真、保色，然后用专用胶进行包埋处理。目前此项技术应用范围十分广泛，可以利用在日用品、工艺品、家居装饰等领域。

蜡叶标本是一个凭证，证明一个物种，比如当发现了这个植物，是一个新种的时候跟别的都不一样，要有标本保存下来给后人去研究这个物种。制作蜡叶标本首先是采集，草本类叫传珠，灌木最好是有花果的枝条。步骤是先把它烘干，用吸水纸压干，压干后再上台纸，上台纸有两种工艺，第一种是缝线，找到固定点，用手缝线给它固定住；第二种是用白乳胶贴在植物背后，然后把他上台纸，贴上标本信息。还有一种标本，就是液体浸泡标本还没做，那种可以将植物的颜色保存跟原物一模一样，比如苹果、芒果等果实可以用这个方法保存。

（八）天然橡胶科普馆

天然橡胶科普馆占地227米^2，是中国热带农业科学院橡胶研究所精心打造的科普体验中心。本馆以天然橡胶产业发展为主线，通过实物展览和图片介绍，集知识性、科学性与趣味性为一体，既可以了解天然橡胶产业的起源，领略天然橡胶全产业链科学研究的奥妙，回顾我国天然橡胶这一国家战略物资的崛起和橡胶研究所的历史，又能体验到天然乳胶制品、炭化木等橡胶科技产品所呈现出的特色与魅力。

首先，通过展板初步认识什么是天然橡胶。天然橡胶与钢铁、石油、煤炭并称四大工业原料，是重要的战略物资，在航空航天和军工领域也发挥着不可替代的作用。世界上约有2 000种植物可生产类似天然橡胶的聚合物，例如巴西橡胶树、橡胶草、杜仲等。但是目前天然橡胶的主要来源于巴西橡胶树，占全世界天然橡胶总产量的98%以上。天然橡胶工业研究和应用开始于19世纪初，经过100多年的发展，橡胶制品已有7 000多种，用途十分广泛，在交通运输、航空航天、军事装备、日常生活用品方面都发挥着不可替代的作用。

其次，再让我们了解一下天然橡胶的生产史。1876年，英国人魏克汉从亚马孙河采集了7万粒橡胶种子，在英国培育后运往新加坡、马来西亚、印度尼西亚等地种植并获得成功。在中国，天然橡胶最早由刀安仁先生从新加坡引种橡胶至云南，使云南成为了中国天然橡胶的发源地。1906年，海南华侨何书麟成立了中国最早的橡胶股份公司乐会琼安垦务有限公司，同时也开启了海南和中国天然橡胶产业发展的先河。1982年我国北纬18°～24°的广大区域大面积植胶成功，推翻了世界上关于北纬15°以北不能种植橡胶的传统论断，获国家发明一等奖。目前，我国天然橡胶种植面积已经超过了1 700万亩，年产干胶超过80万吨，种植面积与产胶量均居世界第四位，成为世界天然橡胶生产大国。

下面，我们看到的是关于橡胶树栽培、天然橡胶奠基人、重要研究成果的展示内容。这几张展板的内容充分体现了，经过60多年的不懈奋斗，橡胶研究所已发展为，综合科研实力较强、知名度较高的农业科研机构。取得了包括国家发明一等奖、国家科技进步一等奖在内的科技奖励177项。在橡胶树北移栽培、橡胶树优良无性系的引进试种、割胶技术体系改进及应用等领域取得了辉煌成就，为我国天然橡胶产业体系的建立和实现三次产业升级提供了有力的科技支撑。中国热带农业科学院已经对天然橡胶全产业链进行布局，拥有4大主栽品种5种种植材料，以及全方位的胶园管理技术。割胶是天然橡胶生产的关键环节，传统的手工割胶有拉刀割胶和推刀割胶两种方法，难度高劳动强度大。研究出了电动割胶刀和新割制新割胶技术生产效率高正逐步应用于生产。在天然橡胶加工上有无氨浓缩天然乳胶和低氨浓缩天然乳胶等技术，有效地解决了乳胶制品生产中高浓度氨水造成的环境污染问题。2018年全球天然橡胶产量1 388.3万吨，其中我国产量83.2万吨。预计我国天然橡胶消费量每年都将保持1%以上的增长，到2025年将达到585万吨，天然橡胶已成为我国热区的农业支柱产业之一。

（九）国家热带农业图书馆

国家热带农业图书馆于1958年建馆，建筑面积3 200米^2，主要由国家热带农业图书馆特色书库、热带农业科学文献展示馆、热带农业科学知识传播中心及其配套设施组成，开展热带农业科技、热带农业图书、数字热农档案、智慧热农文献等科学文献传播与知识共享服务。

国家热带农业图书馆特色书库设有热区乡村振兴书库、农业信息化书库、国际农业合作书库，同时配有课室和多媒体阅览室；现有电子图书50多万种，纸质图书22万册。引进中外文电子数据库33个，其中中文数据库5个，外文数据库28个；借助NSTL开通数据库45个，其中农业和农业相关学科外文数据库32个；研建有一批热带农业特色资源数据，为全国热带农业科研院所、涉农企业、广大农业工作者提供文献信息支持服务。

热带农业科学文献展示馆分别为科技档案展示、图书标本展示和热农文创产品展示。科技档案主要展示中国热带农业科学院自建院以来发生的重要事情和在国际上取

得重大影响的一些事件，在热带农业各领域取得的国家级、省部级奖项，党和国家领导人视察院校的部分珍贵照片、题词、牌匾、奖状等各种类别档案。图书标本展示主要从科技论文的产出能力、科技论文影响力、高质量论文产出能力以及科技论文国际合作科研能力等4个维度，展示基于中国热带农业科学院科研竞争力；展示历年来中国热带农业科学院专家出版国际合作、战略研究、考察报告、院所志、院年鉴以及热带作物生产技术等相关捐赠的重要书籍；展示基于畅想之星、书生之家等电子图书馆为基础，以中国热带农业科学院热带农业图书馆纸质图书电子化为补充，联合热区各农业科研单位，为热带农业科普宣传提供资源保障。热农文创产品以热带农业资源为创意基础进行中国热带农业科学院品牌文化内容挖掘与创意设计、品牌文化形象展示与推广等工作，通过集约化、数字化、标准化管理中国热带农业科学院品牌文化创意产品。

热带农业科学知识传播中心有融媒体演播中心、图文服务与新媒体"久久（GUGU）"工作室等，立足热带农业科学文献资源，依托中国热带作物学会、中国热带农业走出去研究中心、全球热带农业科学数据中心等知识共享平台，开展热带农业科技等科学文献传播与知识共享服务。

（十）中国热带农业科学院展览馆

中国热带农业科学院隶属于农业农村部，是我国唯一从事热带农业科学研究的国家级科研单位。本馆总面积540米^2，建成于2018年。共两个展厅，一展厅展示的是中国热带农业科学院的整体情况，二展厅展示的是院属科研单位和成果转化科技产品的基本情况。

一展厅 一展厅由中国热带农业科学院发展浮雕、精神文化、领导考察、历任领导、弧幕影片、发展历程、职责使命、事业积淀、热区地图、笃耕热区、发展规划等版块组成，采取图文展览说明、实物档案及物品陈列、模型模拟展示、计算机演示、影视及多媒体互动等表现形式，全方位、多角度宣传展示热带农业科学院65年的创建历程和所取得的巨大成就，同时也生动再现了我国热带农业科技砥砺前行的奋斗史。

第一篇章：职责使命 事业奠基

新中国成立初期，百业待兴，面对西方国家对天然橡胶等国防战略物资的封锁，党中央提出"一定要建立自己的橡胶生产基地"，就是在这样的背景下，中国热带农业科学院应国家战略而生，为国家使命而战，于1954年成立，前身是在广州组建的华南热带林业科学研究所，由叶剑英元帅兼任负责人。祖国需要高于一切，在历史使命的召唤下，党中央旌麾南指，一大批爱国专家和热血青年，从大江南北集结海南。

这是一个没有硝烟的战场，从偏僻荒凉、荆棘丛生的儋州联昌起步，缺少资金设备、科研资料和基本的生活保障，白手起家，住的是茅草屋，吃的是木薯和野菜，他们用热血和汗水为中国橡胶事业奠基，在莽莽苍苍的祖国南方，中国人开始建立自己的热带作物产业。

从建院之初一路走来，中国热带农业科学院在创新中探索前行，突破禁区，创造了在北纬18°～24°地区大面积种植橡胶的神话，使我国由原来的橡胶空白国，奇迹般地崛起为世界第五大产胶国。热带农业科学院人跋涉探索，用坚实的脚步丈量热区大地，以"无私奉献、艰苦奋斗、团结协作、勇于创新"的建院精神，铸就了热带农业60多年发展道路上的一个个丰碑。

第二篇章：笃耕热土 芳华生发

"儋州立业 宝岛生根"。周恩来总理1960年视察中国热带农业科学院时题写的八个大字，是何康、黄宗道、刘松泉、吕飞杰、郑学勤、许闻献、郝秉中、吴继林等老一代创业者献身使命，风雨兼程的真实写照，他们以报效祖国的赤诚和奉献，奠定了热带农业的根基。

从创新驱动发展到乡村振兴，从农业供给侧结构性改革到打赢脱贫攻坚战，热带农业科学院人紧紧围绕国家战略，传承创新，积极探索，不断拓展研究空间和服务领域。今天的中国热带农业科学院，已经成长为研究特色鲜明、学科门类齐全、创新实力雄厚、研究特色鲜明的国家级综合性科研机构，拥有儋州、海口、湛江三大院区，设有14个科研机构，科研试验示范基地6.8万亩。先后承担了"863"计划、"973"计划、国家科技支撑计划、国家重点研发计划、国家重大科技成果转化等一批重大项目和FAO、UNDP、国际原子能机构等国际组织重点资助项目，主导天然橡胶、木薯、香蕉等3个国家产业技术体系建设，牵头组建全国热带农业协作网，取得了包括国家发明一等奖、国家科技进步一等奖在内的近50项国家级科技奖励成果及省部级以上科技成果1 000多项，培育优良新品种300多个，获得授权专利1 600多件，获颁布国家和农业行业标准500多项，开发科技产品300多个品种。设有17个一级学科和51个二级学科，研究领域涵盖热带经济作物、南繁种业、南方粮食作物、冬季瓜菜、热带畜牧、热带海洋生物资源。现有高级专业技术人员600多人，博士400多人，享受政府特贴专家、国家级突出贡献专家、中央联系专家等高层次人才180多人次，依托建设国家工程技术研究中心、国家农业科技园区、国家创新人才培养示范基地、院士工作站、博士后科研工作站等70多个创新创业平台和FAO热带农业研究培训参考中心等国际合作交流平台。

科研力量雄厚，科技资源丰富，这是一座宏伟的科学城，屹立于祖国南方，引领我国热带现代农业发展，架起了热带农业通往世界热区的桥梁。

第三篇章：改革创新 硕果累累

从一棵橡胶树起步，到热带经济作物，再到热带农业产业，中国热带农业科学院的发展史，就是中国热带农业科技砥砺奋进史。

近年来，中国热带农业科学院坚持开放办院、特色办院、高标准办院的方针，紧紧围绕"一个中心、五个基地"（创建世界一流的热带农业科技创新中心，打造世界一流的热带农业科技创新基地、热带农业科技成果转化应用基地、热带农业高层次人才培养基地、热带农业国际合作与交流基地和热带农业试验示范基地）的战略目标，大力实施"十百千科技工程""十百千人才工程"，立足自主创新，服务地方社会经济发展。

一组组鲜活数据，展现了热带农业科技的进步对推动热带农业产业发展作出的巨大贡献。

实现从跟跑到并跑，进而实现相关领域领跑的跨越，木薯全基因组测序、香蕉枯萎病基因密码破译、橡胶树产胶机理研究等处于国际领先水平。

突破一批核心关键技术，特种工程胶问世，智能热作机械走进市场，橡胶和油棕组培苗产业化技术崭露头角。

建立一批种质资源库：4个国家热带作物种质资源库，10个农业部种质资源圃，形成了约4.9万余份热带作物种质资源的资源保存体系。

一批热作新品种新技术，走在世界同业的前沿：华南系列木薯新品种，填补了国内作物品种空白；选育出了55个优良橡胶新品种，仅热研7-33-97推广面积已超过120万亩，亩产较其他品种提高30%左右，累计已创造产值超过15亿元。

研发香蕉优良新品种及其配套技术，使香蕉良种覆盖率达90%以上。甘蔗脱毒健康种苗提高产量20%以上，在广西、海南、云南等地大受欢迎。

热农1号芒果、澳洲坚果南亚1号、文椰2号、美月西瓜……中国热带农业科学院培育的300多个热带作物新品种，结合其配套栽培技术，已成为热作产业升级的"源动力"，在热区广泛推广，热带作物产量大幅提升。同时通过资源节约、环境友好的生产技术创新及生物安全保障体系的建立，进一步提高了土、肥、水等资源的利用率，使热带农业走上可持续发展之路。

一批热带农业产业带迅速崛起：在四川攀枝花、云南华坪打造了"海拔最高、纬度最高、成熟最晚、品质最优"的我国晚熟芒果优势产业带，在广西百色打造了全国最大的芒果生产基地，在云南普洱等地打造了中国咖啡产业基地，在贵州兴义石漠化山区开辟了新的热作生产区。

特色鲜明、功能突出。香草兰、胡椒、咖啡、可可、椰子、沉香、牛大力等经过成果转化，孵化出一大批科技品牌，成为海南国际旅游岛的一张名片。

立足中国热区，中国热带农业科学院主动服务"一带一路"倡议和国家外交大局，构建起热带农业"走出去"基本格局，成立刚果（布）农业技术示范中心、柬埔寨/厄瓜多尔联合实验室、密克罗尼西亚联邦农业示范基地，把科技的种子源源不断地播撒在世界热区的大地上。

第四篇章：历史机遇 时代使命

习近平总书记2018年4月13日在海南宣布打造"国家热带农业科学中心"，更是为中国热带农业科学院跨越发展指明了前进方向。

新机遇，新使命，新作为。站在历史新起点，中国热带农业科学院将积极扛起国家热带农业科技力量的责任与担当，当好带动热带农业科技创新的"火车头"，当好促进热带农业科技成果转化应用的"排头兵",当好培养优秀热带农业科技人才的"孵化器",当好加快热带农业科技走出去的"主力军",在"一带一路"建设中,在海南新一轮改革开放中,抢占先机,彰显在全球热带农业格局中的重要地位和话语权,书写新时代的新辉煌!

二展厅 二展厅由院区布局、院属单位、成果转化等板块组成,详细记录院所立足热带农业科研国家队职责使命与定位,紧紧围绕党中央国务院重大决策部署和农业农村部中心工作,贯彻落实创新驱动发展战略、乡村振兴战略,合法开展科学研究和成果转化应用活动。

中国热带农业科学院的办职责使命是围绕中国热区和世界热区两个战略目的地,扛起国家战略科技力量的责任与担当。在中国热区,主要负责热带农业科技创新、成果转化和人才培养,支撑引领热区乡村振兴,推进农业农村现代化;在世界热区,主要负责科技支撑中国热带农业走出去,引领世界热带农业高质量发展。

中国热带农业科学院现拥有5个院区、5个研究院、3个基地和实验站群,共有科研示范基地6.8万亩,形成了中国热区初步的布局。下设院属14个科研单位和2个附属机构。各科研机构具有科技创新自主权和管理自主权,是面向全国开放的公共研究平台,按照院总体要求和部署,开展科技创新和服务活动。附属机构包含后勤服务中心和试验场,按照院总体要求和部署,为科技创新活动提供高质量服务和支撑。

"十三五"以来,中国热带农业科学院积极扛起勇担促进热带农业科技成果转化应用"排头兵"的责任,加速农业科技成果转化与优势资源开发利用。拥有国家重要热带作物工程技术研究中心、海南儋州国家农业科技园区,以及省级工程技术研究中心、工程研究中心、技术转移中心、产业技术创新联盟等转化平台35个,独资或控股企业17家,植物园区6座(4A级景区1家、3A级景区3家)。开发科技产品300多个,转移转化新品种、新技术、新材料、新产品、新装备等科技成果千余项,涵盖了热带农业重点领域和全产业链,有效地实现了科技价值,增强院所发展实力。

新时代,新担当,新作为,中国热带农业科学院努力打造国家热带农业科学中心。这是中国热带农业科学院人奋斗的方向。我们是一颗热作事业的种子,在中国热区、世界热区的沃土上生根、发芽、开花、结果。

二、海口热带农业科技博览园研学产品

(一)研学产品设计思路

1. 研学产品基本情况 2013年2月教育部首次提出研学旅行,中小学研学旅行是由教育部门和学校有计划有组织地安排,通过集体旅行、集中食宿方式开展的研究性学习和旅行体验相结合的校外教育活动,是学校教育和校外教育衔接的创新形式,是教育教学的重要内容,是综合实践育人的有效途径。研学旅行延续和发展了古代游学

中"读万卷书，行万里路"的教育理念，强调了"游"和"学"两者相结合，成为素质教育的一种新方式。2016年国家提出将研学旅行纳入中小学教学计划，各地要把中小学组织学生参加研学旅行的情况和成效作为学校综合考评体系的重要内容，并将评价结果逐步纳入学生学分管理体系和学生综合素质评价体系。近年来，作为与亲子游市场密切相关的旅行产品，研学旅行市场规模正不断扩大，成为一个文化旅游的新热点。

（1）研学产品课程分类：

一是自然观赏型。主要包括山川、江、湖、海、草原、沙漠等资源。它是通过对特定自然资源环境的分析和利用，遵循合理的课程设计引导人们在自然中探索和学习，建立人与自然间的深度联系，激发人们尊重自然、保护自然的态度。

二是知识科普型。主要包括各种类型的博物馆、科技馆、主题展览、动物园、植物园、历史文化遗产、工业项目、科研场所等资源。

三是体验考察型。专注探究和实践并存，专注学生思想的多维度发展，主要包括农庄、实践基地、夏令营营地或团队拓展基地等资源。

四是技能拓展型。主要包括水上、海外和场地三种类型，主要包含红色教育基地、大学校园、国防教育基地、军营等资源。

五是文化康乐型。主要包括各类主题公园、演艺影视城等资源。

（2）研学产品设计重点：

一是立足教育性。要使研学旅行做到立意高远、目标明确、活动生动、学习有效，避免出现"只旅不学"或"只学不旅"的现象，就必须把教育性原则放在首位，寻找适合的研学主题和课程教育目标，深度促进研学旅行活动课程与学校课程的有机融合。作为中小学教育教学实践的重要组成部分，研学旅行的活动课程既要结合学生身心特点、接受能力和实际需要，又要注重知识性、科学性和趣味性。

二是突出实践性。研学旅行是研究性学习和旅行体验相结合的校外教育活动，研学是目的，旅行是手段，通过旅行中开展的各种教育活动和学生的亲身体验来实现综合育人的目的。为此，课程设计和实施中，要引导学生主动适应社会，充分促进学生知行合一、书本知识和生活经验深度融合。

三是要加强融合性。作为综合实践育人的有效途径，研学旅行要以统筹协调、整合资源为突破口。研学旅行基地功能的拓展、研学旅行线路的设计、活动课程资源的开发，都需要进行创造性地整合。既包括校内外教育资源的整合、跨界整合，也包括多学科整合、跨学科整合。

四是要确保安全性。由于研学旅行的课堂多是在路上，开放性非常强，所以安全性原则是确保活动课程取得成功的一个重要原则。针对以学生集体旅行、集中食宿方式开展的研学旅行，需要对研学线路、课程设计、组织方案、实施过程、实施效果等进行事前、事中、事后评估，切实做到活动有方案，行前有备案，应急有预案，确保活动过程中每个环节的安全性。

2.研学产品设计思路　海南热带农业科技博览园致力于整合热带农业资源，推动热带农业科普研学专业化发展，积极成为热带农业资源研学领域引领者。主要围绕热带农业主题，充分运用中国热带农业科学院教育科普优势，结合课本知识开发设计实施不同阶段的研学课程，为中小学的社会实践活动、境内外研学旅行活动、亲子活动、冬夏令营、党建班级团建活动，社会公益活动提供专业组织接待服务，为热区教育培训人员的文化考察与学术交流提供专业化的旅行服务。

海口热带农业科技博览园在课程设计上，秉承陶行知先生的"生活即教育""社会即学校"和"教学做合一"三大教育思想，设计实施不同阶段的研学课程，将学习与旅行实践相结合，有效地将学校教育与户外活动联系起来，让学生们了解国情、热爱祖国、开阔视野、增长知识；并在学生教育上强调学习和思考的统一，使学生不仅学会动脑，学会生活，学会做事，更大大地促进了学生的身心健康，培养学生社会责任感，成为德智体美全面发展的社会主义建设者和接班人。

成长是这世界上最美妙的一件事情。成长沿途中有许多绚烂风景，只有走过足够多的路，见过足够多的人，做过足够多的事，踮着脚尖全力以赴往上走才能看得到，海口热带农业科技博览园将是陪伴学生成长路上最好的伙伴。

（二）研学课程开发案例

中小学生红色研学活动（一）

中小学生红色研学活动（二）

幼儿研学活动

1.热带珍稀植物园研学课程

（1）我的植物朋友：自然界中生长着形形色色的植物：参天的大树、纤细的小草、姹紫嫣红的花卉、香甜美味的水果……它们生活在我们周围，与人类生活息息相关，那

HI我的植物朋友研学课程场景

么人类与植物的关系是什么样的呢？你与植物之间又会如何发生奇妙的故事呢？

授课对象：幼儿园、小学、初中

课程时长：90分钟

研学目标：走进热带珍稀植物园，观察植物，记录植物，并制作植物观察笔记。提高学生洞察力及实践能力，激发学生探究科学兴趣。

授课方式：课堂教学、实地教学

（2）可可传说：

授课对象：幼儿园、小学、初中

课程时长：90分钟

研学目标：可可最早产于南美洲亚马孙河流域的热带雨林，经过大航海时代在世界范围传播。本节课将学习了解可可的起源与传播历史，知晓可可是如何成为风靡全球的饮料。

授课方式：课堂教学、实地教学

（3）认识可可：

授课对象：幼儿园、小学、初中

课程时长：90分钟

研学目标：学生将从可可植物的根、枝、叶、花、果各方面深入了解可可的形态与可可的三种传统分类。延伸拓展至植物学知识，让学生对植物分类知识有所了解。

授课方式：课堂教学、实地教学

（4）可可蜜制：

授课对象：幼儿园、小学、初中

课程时长：90分钟

研学目标：了解可可的营养价值和巧克力的制作。在专业老师的指导和协助下，学生们可根据自己的喜好融入无限的创意，收获动手成果，增强学生动手能力的同时让学生对可可的用途有更深入的理解。

授课方式：课堂教学、实地教学

（5）数据可可：

授课对象：小学、初中

课程时长：90分钟

研学目标：学生将通过可可广泛分布的地区、国际可可组织（ICCO）统计、国家消费可可数量等数据，对可可的生产概况做出数据分析，以此分析讨论可可对各个国家在经济上的影响，并了解中国热带农业科学院"热引4号可可"新品种。

授课方式：课堂教学、实地教学

（6）奇妙的热带雨林植物：热带雨林是地球上植物种类最丰富的地区。丰富的植物种类为各种各样的动物提供食物和栖息场所。热带雨林能保持生物的多样性，对维持生态平衡、防止环境恶化等具有重要作用。那么热带雨林的植物有哪些特点？热带雨林中有哪些神奇现象？面对热带雨林遭受的破坏，我们应该如何保护植物呢？

奇妙的热带雨林植物研学课程场景

授课对象：小学、初中、高中

课程时长：90分钟

研学目标：学习热带雨林植物的特点，认识各种稀奇有毒的热带植物，见识老茎生花、寄生植物绞杀、空中花园等各种热带雨林奇观，认识热带雨林的保护迫在眉睫，增强学生环保意识。

授课方式：实地教学

（7）神奇的微观世界：微生物是难以用肉眼观察的一切微小生物的统称，虽然个体微小，但与人类关系密切。世界上的微生物大多都是无法用肉眼观察到的，但也有一些微生物像蘑菇、灵芝等可以用肉眼观察到。显微镜下的世界丰富多彩，利用显微镜可以观察到很多我们无法看见的微生物。"神奇的微观世界"将带你走进科学、走进显微镜下的神奇世界、揭开微生物的神秘面纱。

授课对象：幼儿园大班、小学、初中

课程时长：90分钟

研学目标：通过了解微生物、使用显微镜、观察微生物、手工DIY、科学实验，以自然教育和体验式教学的方式让学生探索微小世界、增长见识、提升能力、形成良好的习惯。

授课方式：课堂教学

2.热带百果园研学课程

（1）菠萝是如何生长的：菠萝是热带水果之一，福建和台湾地区称之为旺梨或者旺来，新加坡、马来西亚一带称为凤梨，大陆及香港称作菠萝，也是岭南四大名果之一。"一个菠萝是吃一辈子"是真的吗？自己在家种菠萝可以实现吗？菠萝是如何生长的呢？来研学课堂寻找答案吧!

授课对象：幼儿、小学、中学、高中

课程时长：90分钟

研学目标：了解菠萝的生长习性及种植方式，结合展示食用性菠萝和其他观赏性菠萝等环节，了解菠萝的特性和作用及基地栽培知识，学习凤梨栽培技术，由此加深对菠萝的认识。

授课方式：实地教学

菠萝是如何生长的研学课程场景

（2）百种香味之果实——百香果：是西番莲科西番莲属草质藤本植物。原产于巴西，广泛种植于热带和亚热带地区。在我国广东、海南、福建、云南、台湾有栽培。因其果汁营养丰富，气味特别芳香，可散发出香蕉、菠

热带百果园户外研学场景

萝、柠檬、草莓、石榴等多种水果的浓郁香味而被命名为"百香果"。但是它还富含维生素、有机酸等多种营养，一半以上的果汁、饮料中都有添加，故被称为"果汁之王"。

授课对象：小学

课程时长：90分钟

研学目标：使学生更加了解百香果的特性和作用，了解栽培百香果知识，加深对百香果认识。

授课方式：实地教学

（3）香蕉是如何生长的：香蕉，芭蕉科芭蕉属植物，广泛种植于热带地区，是世界第四大主粮农作物。香蕉味香、富含营养，又被称为"快乐之果"。香蕉的祖先起初仅仅是一株小小的草本植物，它是如何演变为大型植株的呢？其中的奥秘等你来发现！

香蕉是如何生长的研学课程场景

授课对象：幼儿、小学、初中、高中

课程时长：90分钟

研学目标：了解香蕉如何从一棵小草长成大型植株，最终成为世界第四大主粮的历史，并通过参观取芽、组培、假植培育、催花、见红、采收、分级、包装和商品业处理过程及其他观赏性香蕉，学习了解香蕉的特性和作用及基地栽培香蕉知识，加深对香蕉的认识学习。

授课方式：实地教学

（4）蕉探秘：香蕉是芭蕉科芭蕉属植物，也指其果实，在热带地区广泛种植。香蕉味香、富含营养。本课程将通过不同香蕉品种介绍和展示，了解香蕉起源、发展与人类相关的故事等知识，共同探秘香蕉奥秘。

授课对象：小学、初中

课程时长：90分钟

研学目标：介绍香蕉不同生长阶段特点，增长学生对植物学的认识；体验香蕉催熟项目，了解香蕉生长发育知识；普及特色各异的香蕉品种，提高学生对于香蕉的认识。

授课方式：课堂教学、实地教学

（5）香蕉文化：数千年来，伴随着人们对香蕉的认识，香蕉已非一种单纯的植物，而是一种表达特定情绪和意蕴的文化艺术符号。

授课对象：小学、初中、高中

课程时长：90分钟

研学目标：香蕉从印度泛宗教型文化圈中明显的宗教化倾向到中国伦理型文化圈中明显的情感化倾向，不仅折射出不同文化心态的选择取向和感知方式上的差异，也反映了文化在传递过程中的被选择和变异，使学生更加深入地了解香蕉文化。

授课方式：课堂教学、情景教学、实地教学

（6）海南热带优稀特色果树：热带水果指的是生长在热带地区的水果。海南地处热带，岛上出产多种热带水果，有些是我们多数人见都没见到过的珍奇异果，外地游客来到海南，除了饱览海岛风光、饱餐各式海鲜外，吃遍各种热带水果也是一项重要的项目。

授课对象：大学

课程时长：90分钟

研学目标：研学导师将介绍热带优稀特色果树的资源分布、生态学习性、果实营养特性及热带水果产业化开发现状，使学生加深对热带水果的了解，了解热带优稀特色果树的品种。

授课方式：课堂教学、情景教学、实地教学

（7）园艺产品贮运保鲜：介绍水果、蔬菜、花的贮运销及其他。园艺产品贮运保鲜就是要抑制果蔬后熟衰老进程，并防止微生物浸染。

授课对象：大学生、职业培训

课程时长：90分钟

研学目标：了解园艺产品品质构成的化学成分、采后生理、采后病害及控制、采前因素对园艺产品贮运性的影响、采收与采后商品化处理、运输、贮藏方式与管理、果品贮藏、蔬菜贮藏、花卉产品的保鲜与贮藏等知识。

授课方式：课堂教学、情景教学、实地教学

3. 热带生态农业科技馆研学课程

（1）丝路蚕生：蚕，天之虫，桑，神仙叶，茧丝之源。蚕桑文化与稻作文化是中华民族的传统根基文化，是"一带一路"国家倡议的文化纽带。蚕、桑原产中国，已有7 000年养蚕史。目前我国蚕桑种质资源、桑园面积、蚕茧产量，生丝产量均为世界第一！"丝路蚕生"带你一起走进历史，沐浴文化，体验生产，讲述"一根丝的前世今生"。

授课对象：幼儿园、小学、初中、高中

课程时长：45 ~ 90分钟

丝路蚕生研学课程场景

研学目标： 包括蚕桑科普，丝路文化，摘桑养蚕，缫丝剥茧、手工DIY、科学实验等内容，以自然教育和体验式教学的方式让学生增长见识、提升能力、历练品格，以古人之智慧，铸当代之匠才。

授课方式： 课堂教学、情景教学、实地教学

（2）神奇的蜜蜂王国：一只蜜蜂一生只能酿造十二分之一茶匙的蜜，为此却要飞上800千米的路程。"勤劳的小蜜蜂"当之无愧。你了解这群可爱的小蜜蜂吗？你是否好奇蜜蜂精神以及蜜蜂发育过程、蜂群的分工、蜜蜂如何繁殖后代、蜜蜂如何酿蜜等知识呢？来研学课堂寻找答案吧！

神奇的蜜蜂王国研学课程场景

授课对象： 幼儿园、小学、初中、高中

课程时长： 45～90分钟

研学目标： 近距离接触蜜蜂，观察蜜蜂，了解蜜蜂发育过程、蜂群分工、蜜蜂如何繁殖后代、蜜蜂如何酿蜜采集花粉及蜜蜂维护生物多样性生态价值等知识，当一次"品蜜员"，品尝不同蜂蜜味道，体验蜂产品手工制作乐趣，学习蜜蜂精神。

授课方式： 课堂教学、实地教学

（3）循环农业，变废为宝，生活更美好：循环农业是运用物质循环再生原理和物质多层次利用技术，实现较少废弃的生产和提高资源利用效率的农业生产方式。循环农业

作为一种环境友好型农作方式，能给社会、经济和生态带来哪些效益呢？让我们一起探究学习吧！

授课对象： 初中、高中、大学

课程时长： 90分钟

研学目标： 了解并利用食用菌、蚯蚓、黑水虻等生物转化器，将作物秸秆、畜禽粪便、餐厨垃圾及其处理副产物等废弃物变废为宝的过程。宣传普及循环农业的好处、激发学生环保意识。

循环农业研学课程场景

授课方式： 情景教学、实地教学、实地体验

（4）走进神秘的蘑菇世界：我国已知可食用的菌菇有1 000多种，蘑菇是森林中的精灵，它们在不易见光的荫蔽处，悉心打扮着自己。显然，蘑菇们的审美观是千差万别的，有的肤如凝脂，面如白玉；有的苍劲挺拔，仙风道骨；有的粗壮憨厚，胖乎乎。你是否能区分它们？让研学导师带你了解蘑菇宏观和微观特征吧。

授课对象： 小学、初中、高中

课程时长： 90分钟

研学目标： 许多毒蘑菇的外表同可食用蘑菇相差无几，比如正红

走进神秘的蘑菇世界研学课程场景

菇与毒红菇，仅凭肉眼分辨，极易混淆。将无毒的蘑菇鉴别出来，对于"新手"来说并非易事。在老师的带领下学生将能学会辨别可食用蘑菇与不可食用蘑菇。

授课方式： 课堂教学

4.热带海洋生物资源展览馆研学课程

（1）探索来自大洋彼岸的红螯螯虾：红螯螯虾体表披着一层光滑的坚硬外壳，体色呈淡青绿色。肉质鲜美、规格大、出肉率高、易于养殖。其存在大大提高了水稻田单位面积的综合经济效益，既满足了发展都市现代农业的需要，也是生态型种养结合的有效途径之一。光有结论可不够，带着问题，如：红螯螯虾是如何对水稻田产生效益的？它有什么特性？来研学课堂寻找答案吧！

授课对象： 小学、初中、高中

课程时长： 90分钟

热带海洋生物资源展览馆研学课程场景

研学目标：学习认识红螯螯虾的生物学习性和生活方式，了解红螯螯虾如何提高水稻田的经济效益，提高学生保护生物多样性的意识。

授课方式：课堂教学

（2）天然产物神奇的分子：天然产物是指动物、植物提取物或昆虫、海洋生物和微生物体内的组成成分或其代谢产物以及人和动物体内许许多多内源性的化学成分，分子是物质中能够独立存在的相对稳定并保持该物质物理化学特性的最小单元。

授课对象：初中、高中

课程时长：90分钟

研学目标：学生将在研学导师的带领下认识天然产物分子结构的多样性，并了解天然产物是许多重要药物的先导化合物，提高学生们的认知与独立思维的能力。

授课方式：课堂教学

（3）认识酸碱度：酸碱度是水溶液的酸碱性强弱程度，用pH来表示。热力学标准状况时，pH=7的水溶液呈中性，pH<7者显酸性，pH>7者显碱性。

授课对象：小学、初中

课程时长：90分钟

研学目标：研学导师将带领学生们通过生活中常见的酸碱度测量，加深对酸碱度概念和特征的理解，在生活中更好地运用酸碱度的知识。

授课方式：课堂教学

（4）贝壳收藏趣谈：贝壳是由软体动物的一种特殊腺细胞的分泌物所形成的保护身体柔软部分的钙化物。贝壳具有独特的多尺度、多级次"砖—泥"的组装结构，且因其多级层状结构而具有韧性好、强度高等优良特性。

授课对象：小学、初中、高中

课程时长：90分钟

研学目标：研学导师将通过贝壳收藏的历史、种类、价值和注意事项，带着学生们走进神秘的贝壳世界，提高学生们的认知与思维的能力，了解贝壳的妙用。

授课方式：课堂教学

5.热带海岛珍稀药用植物馆研学课程

（1）植物的扦插：扦插繁殖是植物繁殖的方式之一，是通过截取一段植株营养器官，插入疏松润湿的土壤或细沙中，利用其再生能力，使之生根抽枝，成为新植株。扦插繁殖属于无性生殖。选取植物不同的营养器官作插穗，按取用器官的不同又有枝插、根插、芽插和叶插之分。扦插时期，因植物的种类和性质而异，一般草本植物对于插条繁殖的适应性较强，除冬季严寒或夏季干旱地区不能进行露地扦插外，凡温暖地带及有温室或温床设备条件

贝壳收藏趣谈研学课程场景

者，四季都可以扦插。木本植物的扦插时期，又可根据落叶树和常绿树而决定，一般分休眠期扦插和生长期扦插两类。

授课对象：小学、初中、高中

课程时长：90分钟

研学目标：研学导师将通过实践活动让学生进行初步的尝试并学会扦插方法。了解扦插是植物繁殖的重要方法，培养学生对生物科学的浓厚兴趣。

授课方式：课堂教学、手工实践

（2）探秘奇妙的植物无性繁殖—植物克隆：一粒种子可以长成一棵参天大树、一块秋海棠的叶片、一段杨柳的枝条或是一块马铃薯的块茎，也可以培育出一棵新后代。一片破碎的叶片、一个剥离枝条的芽点、一个小小的根尖或是一粒花蕾中的花粉，它们还可以活下来，长成新的植株吗?答案是可以的，它就是植物克隆。它是通过分离植株上的细胞或小块组织，在人工控制的条件下进行多代循环培养，在短短几个月时间内便能繁殖出成千上万个新的植株。那么，就让我们一起走进植物克隆的探秘课堂，认识神奇的植物克隆是怎样做到"一叶成林"的吧！

授课对象：小学、初中、高中

课程时长：90分钟

研学目标：研学导师向学生介绍甘蔗无性繁殖的种类及其技术，带领学生参观灭菌设备和培养室，使学生初步掌握常规茎段繁殖、茎尖快繁、叶盘组织培养等技术，加深

对无性繁殖的理解。

授课方式：课堂教学

（3）**火眼金睛识别转基因：**转基因技术是指利用技术将特定的外源目的基因转移到受体生物中。转基因技术应用在人类社会各个领域中，较为常见的包括了利用转基因技术生产的农作物，以及利用转基因技术生产疫苗等。

授课对象：初中、高中

课程时长：90分钟

研学目标：学习掌握基因组DNA相关知识，与研学导师共同讨论"中队长"是如何产生的，使学生了解转基因技术在各领域的用途，提高学生们认知与思维能力。

授课方式：课堂教学、实地教学

6.热带作物品种展示园研学课程

（1）**芒果生殖生长特性：**芒果是杧果的通俗名，是著名热带水果之一，也是我们日常触手可及的水果之一，其中芒果果实含有的营养成分特别高，是在所有水果中都极其少见的，它为什么能在所有水果中脱颖而出呢？让我们从它的生殖生长特性中找找答案吧！

芒果生殖生长特性研学课程场景

授课对象：小学、初中

课程时长：90分钟

研学目标：实地讲解芒果树种的生物学特性以及繁育特性，科普果树的整个生长发育周期过程，帮助学生理解生命的意义，激发学生探究性学习的兴趣。

授课方式：情景教学、实地教学

（2）**花卉艺术实践：**了解植物分类学基本知识，学会认识常见的花卉，感受中国花卉文化及体验花卉艺术实践，如花卉绘画、摄影、插花、组合盆栽、花环或押花画制作等。让学生体验花卉艺术带来的精神享受。

花卉艺术实践研学课程场景

授课对象：小学、初中、高中、成人

课程时长：90分钟

研学目标：初步掌握中国花卉文化，认识常见的花卉名称，可以自主开展花卉绘画、摄影、插花、组合盆栽、花环或押花画的制作等，提高学生自主动手能力以及对美的认知和欣赏力。

授课方式：情景教学、实地教学

（3）**神奇的辣椒：**因为辣，辣椒能让食草动物退避三舍，不去咀嚼其种子；也因为辣，辣椒深受美食爱好者追捧。《舌尖上的中国》曾讲述，辣不是种味道，而是一种被刺激诱发的感觉，事实真是如此吗？一起到研学课堂，了解辣椒的秘密吧！

授课对象：小学、初中

课程时长：90分钟

研学目标：学生将认识不同的辣椒品种，了解辣椒文化（包括辣椒起源、辣椒与人类等知识）；通过撒播种子和种植辣椒幼苗，学习了解植物生长发育相关知识，体验农业工作，提高学生的动手能力。

授课方式：情景教学、实地教学

热带作物品种资源展示园研学课程场景

（4）木薯全粉制作小点心：木薯，是三大薯类作物之一，也被称为"淀粉之王"，是世界近6亿人的口粮。本课程将摒除传统对木薯的认知，重新认识食用木薯。了解木薯的营养价值、其与传统面粉食品的区别和木薯粉的加工及利用，体验制作木薯点心。

授课对象： 初中、高中

授课时长： 90分钟

研学目标： 通过学习认识热带第三大粮食作物—木薯，将鲜薯做成干粉后，根据其粉的特性，可以制作不同的烘焙食品，并体验制作属于自己的木薯美食，锻炼学生的动手能力和团队意识。

授课方式： 情景教学、实地教学

（5）木薯淀粉制作珍珠、芋圆：作为冷饮新宠界的珍珠和芋圆，席卷了全球的冷饮市场，每当您吃到QQ弹弹的珍珠或芋圆，您想到了它是怎么来的吗？跟着我们学习，自己为爱的人制作"秋天的第一杯奶茶"。

授课对象： 幼儿园、小学、初中、高中

授课时长： 90分钟

研学目标： 通过学习认识热带第三大粮食作物—木薯，通过鲜薯洗粉制作木薯淀粉，晒干后的淀粉，根据粉的特性，可以制作美味的珍珠芋圆，并体验制作属于自己的木薯美食，锻炼学生的动手能力和团队意识。

授课方式： 情景教学、实地教学

（6）可食用的木薯粉橡皮泥：木薯广泛种植于非洲、美洲和亚洲等100余个国家或地区，是三大薯类作物之一、热区第三大粮食作物、全球第六大粮食作物，是世界近10亿人的主粮，也是生活中食用淀粉和生物燃料酒精的主要原料。在我们的生活中哪些食品是木薯制作的呢？怎么去制作一款可食用的木薯粉橡皮泥呢？让我们与研学导师一起现场制作一款可食用的木薯粉橡皮泥，并DIY一款你最爱的小动物或人物吧！

授课对象： 幼儿园、小学、初中、高中

授课时长： 90分钟

研学目标： 研学导师将讲解木薯的起源、木薯的主要营养成分、木薯淀粉的主要用途以及木薯淀粉的制作工艺等基础知识，拓宽学生对木薯用途的视野，并带着学生现场制作可食用的木薯粉橡皮泥，学生们可利用制作的木薯粉橡皮泥，现场DIY各种卡通动物或人物，发挥学生的动手能力。

授课方式： 课堂教学

（7）叶子的秘密：叶子是高等植物的营养器官，侧边发育自植物的茎的叶原基。叶内含有叶绿体，是植物进行光合作用的主要器官。同时植物的蒸腾作用也是通过叶子的气孔实现的。叶子可以有各种不同的形状、大小、颜色和质感。

授课对象： 小学、初中

课程时长： 90分钟

研学目标：引导学生观察植物叶片的形状和颜色，辅以知识讲解，从植物叶片的形状到叶片色素及变化过程；让学生在体验制作叶片创意画、叶片拓印、创意产品的过程中，培养学生创造力和动手能力。

授课方式：课堂教学、实地教学

（8）手工皂DIY：手工皂是代替化学制品的清洁护理用品，由100%天然材料组成，是利用对皮肤非常温和并含天然营养成分极高的天然植物油，采用传统手工制作工艺，最大保存了皂化反应中所产生的甘油保湿护肤成分，并另外加入植物提取精油，在起到各种辅助功效（美白、保湿等）的同时，留有天然的馨香，更安全、更环保。

叶子的秘密研学课程场景

授课对象：初中、高中

课程时长：90分钟

研学目标：科普所用材料如芦荟、木瓜、姜黄、香茅、柠檬等植物的科学知识及药用价值，体验手工皂的制作过程，使用不同材料制做出手工皂

手工皂DIY研学课程场景

的功能和作用，了解手工皂的制作原理和方法。

授课方式：课堂教学、实地教学

（9）生命的演化奇迹，鸡蛋—鸡：蛋是我们生活中常见的食物，每个家庭冰箱里基本都有，蛋也是大家常吃的食物。鸡蛋外面有一层硬壳，内则有气室、卵白及卵黄等。我们将从蛋壳、壳膜、蛋白、蛋黄等多方面了解鸡蛋，体验生命的烟花奇迹。

授课对象：小学、初中

课程时长：90分钟

研学目标：讲解蛋的生理结构、营养价值、来源、由蛋演变成小鸡的生物演化过程，培养学生探究生命科学兴趣。

授课方式：课堂教学、实地教学

7.天然橡胶科普馆研学课程

（1）一粒橡胶种子的魔幻之旅：天然橡胶是全球大量需求的不可替代的工业原料，

一粒橡胶种子的魔幻之旅研学课程场景

是四大工业基础原料之一。本课程将带你体验橡胶种子到乳胶制品的魔幻之旅。

授课对象： 小学

课程时长： 90分钟

研学目标： 课程根据授课年级的不同分三个层次：一二年级，主要进行简单的科普讲解，以讲故事的方式讲述橡胶树种子如何一步步变成小朋友玩的、用的各种物品，让小朋友了解生活中常见的橡胶制品有哪些，知道植物生长需要的条件等；三四年级，在一二年级课程的基础上了解乳胶制品特性，如延展性、绝缘性等，讲解胶乳加工过程中凝固的概念和方法，课堂引进试验操作；五六年级，与初中生物知识对接，在三四年级的基础上增加橡胶种苗组织培养技术，简单引入植物繁殖方式的概念。

授课方式： 课堂教学、情景教学、实地教学

（2）关于世界油王的故事：油棕，原产于非洲热带地区，在中国台湾、海南及云南热带地区都有栽培，是一种重要的热带油料作物。其油可供食用和工业用，特别是用于食品工业。

授课对象： 小学、初中、高中、成人

课程时长： 90分钟

研学目标： 掌握油棕起源与分布、生长特性、栽培育种技术和油棕加工利用等相关知识。

授课方式： 课堂教学、实地教学

（3）走进生命的微观世界：显微镜是通往微观世界的桥梁，我们在镜下看到的细胞，比人类的历史古老，与生命进化的脚步同行，可谓历久弥新，每一个小小的细胞，蕴含无限大世界。

授课对象： 小学、初中

课程时长：90分钟

研学目标：讲解生物遗传知识，操作提取橡胶树树叶中的蛋白质实验和胶乳凝固实验，认识橡胶粒子是合成天然橡胶的细胞器，比较胶乳和牛奶在显微镜下的差异，展示橡胶的形成。

授课方式：课堂教学，科学实验

（4）割胶好帮手—电动割胶刀：组织学员观看便携式电动割胶刀割胶技术培训视频，培训视频内容包括便携式电动割胶刀割胶基本操作、部件组成与安装、割胶技术与注意事项、电池保养与使用、割胶动作演示、电动割胶刀维护与技术服务等。

授课对象：大学、职业培训

课程时长：90分钟

研学目标：研学导师现场为学员进行便携式电动割胶刀拆装示范、割胶技术指导和割胶示范实操。学生们在树桩上练习便携式电动割胶刀，使用便携式电动割胶刀进行技术考核，帮助学生掌握割胶技术和树位试割。

授课方式：课堂教学、情景教学、实地教学

8.测试中心实验室研学课程

（1）练就火眼金睛，人人都是检测员：民以食为天，食以安为先，食品安全到千家万户，也是老百姓关注的热点。你是否担心我们吃的果蔬里有农药残留，而农药又是怎么被检测出来的呢？都检测哪些指标呢？用什么仪器检测呢？带着这些疑问，来研学课堂里寻找答案吧!

授课对象：小学、初中、高中

课程时长：90分钟

研学目标：了解并认知水果蔬菜上的农药如何检测出来、检测时需要注意哪些指标。让学生亲身体验看得到的食品安全，近距离感受到食品检测工作高科技含量的魅力。高年级学生可体验"小小检测员"工作，培养学生探索科学的兴趣。

授课方式：实地教学

（2）如何做一名通晓懂食品安全知识的高级吃货：食品安全是保证我们健康的必要条件，让孩子了解食品安全，让成人关注食品安全，共享食品安全知识。我们的健康，需要我们来保护!

授课对象：小学、初中、高中、大学、职业培训

课程时长：45分钟

研学目标：通过科普食品安全概念、食品检验检测、食品安全性评估、食品营养与健康等食品安全知识，使学生认识食品安全的重要性，增强学生养生意识，崇尚绿色健康生活。

授课方式：课堂教学

（3）热带水果营养探秘：丰富多样的水果包含了丰富的营养，我们日常生活中吃的

水果，哪一些属于热带水果？热带水果好吃又营养，大家如何科学获取营养，吃出健康？一起来研学课堂探索吧！

授课对象：小学、初中

课程时长：45分钟

研学目标：通过介绍热带作物中营养功能成分、营养价值或药用价值，教大家科学获取营养，吃出健康，让学生更进一步了解热带水果，关注食品安全，守护身体健康。

授课方式：课堂教学、情景教学

9.国家热带农业图书馆研学课程

（1）**数字农业科普：**数字农业是将信息作为农业生产要素，用现代信息技术对农业对象、环境和全过程进行可视化表达、数字化设计、信息化管理的现代农业。互联网时代，农业也不能落下。一起了解数字农业，探寻未来农业奥秘。

授课对象：小学、初中

课程时长：45分钟

研学目标：通过展厅物联网现场展示，讲解传统农业与现代农业的对比，了解数字农业是什么、数字农业是怎么做到的，实现数字农业需要哪些知识以及互动讨论"酷炫炸"的数字农业科学家是如何练成的，引导、激发学生对现代农业的热爱。

授课方式：课堂教学

（2）**小小图书馆员：**寓教于乐，书香研学。国家热带农业图书馆，研建有一批热带农业特色资源数据，为全国热带农业科研院所、涉农企业、广大农业工作者提供文献信息支撑服务。

授课对象：小学、初中

课程时长：45分钟

研学目标：通过学习检索、借阅、图书的方法，了解图书馆的整体布局和各区的功能，体验图书馆的数字化阅读系统，对信息化阅读有了更进一步的认识，对学生养成爱读书、勤学习的良好习惯起到积极作用。

授课方式：课堂教学、实地教学

三、海口热带农业科技博览园科技产品

（一）科技产品开发思路

科技产品开发是指从研究选择适应市场需要的产品开始到产品设计、工艺制造设计，直到投入正常生产的一系列决策过程。主要经历三个阶段（技术研发与成果获得、中试与工业放大、产品生产和商品销售三个阶段）。科技产品开发是海口热带农业科技博览园开发的重点内容，也是发展的战略核心之一。

第一，科技产品开发应以增强海口热带农业科技博览园的竞争力为目的，要充分考虑创新成本和市场需求，研制出具有市场竞争力的高科技产品，确保所开发产品的先进性或独创性，提高海口热带农业科技博览园形象，进而改变海口热带农业科技博览园在市场竞争中的地位。

第二，科技产品开发应建立在中国热带农业科学院技术积累的基础上，充分利用自身技术积累和技术优势、现有中试基地设备、生产技术和管理经验、现有协作关系等，开发系列化、多规格性和相关性的新产品，丰富海口热带农业科技博览园产品、扩张市场容量、延长产品寿命、分散技术风险。

第三，科技产品开发应加强研发流程的控制管理。要认识到新产品具有不透明性和市场需求多变性的特征，在新产品的研制过程中要以市场需求定义产品功能要求，以市场时间定义研制进度，对研发的技术状态、研发经费、研发周期进行详细的计划，估计各种可能的因素，并量化这些因素对研发流程的影响。

第四，科技产品开发应强化风险防控管理，要充分认识到新产品具有不确定性和风险性特征，要对风险进行有效的控制和规避，使得产品的潜在机会或回报最大化，并使得潜在风险最小化。做好风险识别，制定应对风险的计划，强化风险应对控制。

（二）科技产品主要种类

中国热带农业科学院大力加强了农产品科研中试转化基地建设，大力推进热带作物科技产品研发、中试熟化与产品市场化应用，先后研发新食品、新肥料、新材料、新装备、新品种等科技产品16个系列达600多种，现在海口热带农业科技博览园上市科技产品近200种。

1.天然橡胶系列产品 天然橡胶是唯一可再生的国家战略物资，中国热带农业科学院选育出不同推广等级新品种14个，世界上首次实现了组培苗的规模化生产，研发的便携式电动割胶刀效率较传统割胶刀提升30%，制备的减振密封圈打破了高性能天然橡胶在国防领域完全依赖进口的局面，研发出医用级别手套、交通运输上使用的轮胎、天然乳胶制品等各种系列产品30多种。

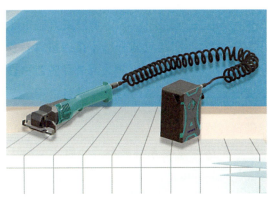

电动割胶刀

天然乳胶枕

2.热带香辛饮料系列产品 热带香辛饮料作物是改善人们生活品质必需品，中国热带农业科学院构建了胡椒、咖啡、香草兰、可可、苦丁茶、鹧鸪茶、斑兰叶等热带香料饮料作物的产业化配套技术，研发系列产品100多种，满足人们多样化的产品需求。主要有焙炒咖啡、速溶咖啡等咖啡系列产品，香草兰茶、香水、酒等香草兰系列产品，绿胡椒、黑胡椒、胡椒酱等胡椒系列产品，风味巧克力、可可粉等可可系列产品，海南鹧鸪茶、斑兰叶粉等特色产品。

"中热科技"礼盒

胡椒粒产品

3.热带糖料作物系列产品 甘蔗是热带地区制糖的主要原料，中国热带农业科学院培育出新品种5个，构建了以脱毒种苗为核心的良种繁育技术体系和高效、轻简、低耗、安全栽培技术体系，节约种量60%、提高产量20%、减肥减药25%，推广应用综合技术250多万亩。

4.热带油料系列产品 热带木本油料作物是我国的传统产业，也是提供健康优质食用植物油的重要来源。中国热带农业科学院

益智红糖产品

开展椰子、油棕、油茶等热带木本油料作物新品种培育、综合生产技术示范推广与功能性产品研发，为维护国家粮油安全提供科技支撑。

5.热带水果系列产品 热带水果是人民生活的必需品，是食品工业和酿造工业的重要原料。中国热带农业科学院牵头香

椰子油产品

蕉国家产业技术体系建设，开展芒果、菠萝蜜、澳洲坚果、荔枝、木瓜、西番莲、莲雾等名优稀特水果新品种培育、安全生产技术示范推广与功能性产品研发，助力热区水果产业结构调整。培育出芒果新品种23个，构建了海南早熟、广西中熟、攀枝花晚熟栽培技术体系，鲜果供应期覆盖全年。培育出香蕉新品种3个，显著促进香蕉产业升级。培育出优良澳洲坚果新品种9个，有力地促进农业产业结构调整。

菠萝蜜干产品

6.**南药系列产品**　海南药用植物极为丰富，具有"天然药库"的美誉，中国热带农业科学院构建了槟榔、艾纳香、沉香、牛大力、益智、高良姜、辣木等南药种苗繁育与栽培技术体系，实现了资源、种苗和技术的快速应用，研发系列产品40多个，助力海南大健康产业发展。培育出槟榔新品种"热研1号"，培育出沉香新品种2个，开发功能性新产品28个。

益智花蜜产品

7.**热带纤维系列产品**　热带纤维作物是重要的工业原料，中国热带农业科学院开展了剑麻品种选育及多用途开发，是世界用量最大、范围最广的热带硬质纤维作物，被应用制造舰艇缆绳等，选育有热

热带纤维系列产品

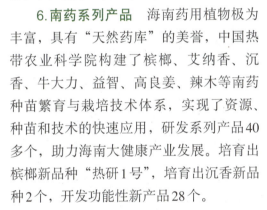

麻1号等新品种，研发有纤维叶汁提取皂素、干酒等产品。研发出菠萝叶纤维机械提取与生物脱胶处理工艺技术及其配套设备，开发出高质化利用系列功能纺织品6类20余种。

8.**林下经济系列产品**　林下经济是一种高效复合经营模式，中国热带农业科学院筛选出适合热区林药、林菜、林菌、林草、林粮、林畜、林蜂等30多种种植养殖的品种和可持续发展配套技术，构建了天然林及橡胶林、槟榔

林下经济系列产品

林、椰林等林下经济模式，有效地提高林地产出、增加农民收入。

9.热带粮食系列产品　热带粮食是保障我国粮食安全，提升人民生活品质的重要补充，中国热带农业科学院牵头木薯国家产业技术体系建设，培育出华南系列木薯新品种14个，推广面积占我国80%，通过技术铺路，加快木薯产业走向亚非各国。开展马铃薯、甘薯、热带玉米等特色粮食作物和菠萝蜜、面包果等木本粮食作物生产技术示范推广与产品研发，助力热区粮食产业结构调整。

木薯系列产品

10.热带瓜菜系列产品　海南是全国冬季菜篮子基地，中国热带农业科学院培育出苦瓜、辣椒、西瓜、黄秋葵、耐热叶菜等优良新品种20余个，构建了安全高效栽培技术体系，服务国家南菜北运和海南"菜篮子"工程建设。

11.热带花卉系列产品　热带花卉种类繁多，中国热带农业科学院登录热带兰新品种5个，育成蝴蝶兰新品系5个，石

蝴蝶兰新品种

斛兰新品系5个。筛选出适宜海南种植的热带兰、红掌、鹤蕉和木本花卉22个，用于观赏和园林绿化的野生兰5个，建立了种苗繁育和配套生产技术体系。

12.热带饲料与畜牧系列产品　饲料作物和畜禽种养结合循环发展是农业可持续发展的重要方面，中国热带农业科学院培育出热研4号王草等牧草新品种24个，研发出畜牧健康饲料、健康饲料添加剂等系列产品，构建了儋州鸡、海南黑山羊等热带草畜一体化循环养殖及种养加一体化健康养殖技术体系，有效支撑我国热区饲料和特色畜禽产业发展。

13.热带海洋生物系列产品　海洋生物资源保护与可持续利用是中国热带农业科学院近年来重点研究领域之一。中国热带农业科学院研制出东风螺人工饲料、海藻有机肥等健康饲料，集成推广马尾藻、麒麟藻等热带大型海藻种苗繁育、养殖与高值化利用技术，为维护南海生物资源权益提供科技支撑。

14.热带农业植保系列产品　按照农业绿色发展、"一控两减三基本"的要求，中国热带农业科学院开展热带作物主要病虫害监测、检测、防控技术和土壤营养诊断及施肥技术推广应用，研制热带作物新型肥料、土壤改良剂、营养增产剂等系列产品，为热

带高效农业可持续发展提供有力的技术支撑。

15.热带农业机械系列产品　农业机械化是现代农业建设的重要科技支撑，中国热带农业科学院围绕天然橡胶、木薯、甘蔗等热带作物，结合农机农艺融合模式，开展种植、中耕、采收与加工等工程技术的集成创新，开发系列热作技术装备40多种，不断提升热作产业支撑能力。

热带农业植保系列产品

16.热带农业信息系列产品　针对我国热带农业和热区农村信息化的重大需求，中国热带农业科学院构建了热带农业大数据平台、海南农产品交易市场信息服务平台等系列智能热带农业系统平台，强化互联网、物联网、大数据等现代信息技术运用，有效促进互联网+热带现代农业发展。

热带农业物联网数据平台

海口热带农业科技博览园运营发展

一、海口热带农业科技博览园运营管理

（一）园区组织管理

为加强海口热带农业科技博览园的管理和服务，建立良好的秩序，促进园区的发展，根据国家的有关法律、法规、标准的规定，结合园区实际情况，建立健全的管理机构，实行海口热带农业科技博览园领导小组领导下的运营管理中心主任负责制如下：

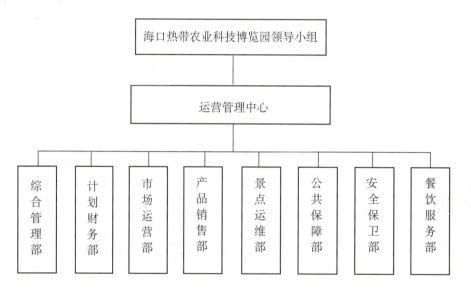

1.海口热带农业科技博览园领导小组　中国热带农业科学院作为海口热带农业科技博览园开发建设单位，为强化园区管理，设立海口热带农业科技博览园领导小组，代表中国热带农业科学院对海口热带农业科技博览园进行领导管理和监督考核。

领导小组职责：负责对海口热带农业科技博览园资源调配、建设和运营的领导、指导工作；负责决定园区的规划设计、经营方针和运营管理方案；决定聘任或者解聘运营管理中心班子成员；审议批准运营管理中心的年度运营计划报告；监督考核运营管理中心运营绩效。

2.海口热带农业科技博览园运营管理中心　运营管理中心作为海口热带农业科技博

览园运营管理中心日常运营机构,按照"统一管理、相对独立"原则,行使园区自主经营和市场化运营管理职能,各园(馆)依托建设单位,在运营管理中心统筹下,行使本单位园(馆)的建设维护、日常管理和运营工作。

运营管理中心职责: 负责海口热带农业科技博览园开展对外市场运营管理;执行海口热带农业科技博览园领导小组的决议;组织制定和实施园区年度经营计划和运营管理方案;统筹开展观光游览、科普研学、科技体验、产品展销、特色活动等业务的经营管理工作;决定园区内部管理机构的设置;决定聘任或者解聘内设机构管理人员;制定园区的基本管理制度等事项。

3.内设机构 园区运营管理中心根据景区管理要求和园区运营实际,下设8个部门。

(1)综合管理部

职责: 负责园区规划、文化建设、网站建设、园区标识、人员培训、信息交流、文件记录、统计调查、投诉接待、工作检查、服务质量监督等综合管理工作,建立健全经营管理制度。

(2)计划财务部

职责: 负责园区财务核算、财务监督、资金调配、财务计划编制、财务预决算管理、票据管理、税务报缴、资产管理、内控管理、经济信息管理工作,确保园区资金正常运转和安全。

(3)市场运营部

职责: 负责园区旅游资源开发利用策划、园区市场推广、对外合作、旅游接待、促销活动和游客中心、园区导览及导流相关服务等业务管理工作,提升园区市场吸引力。

(4)产品销售部

职责: 负责园区讲解接待服务、研学旅行产品策划及课程活动安排,园区展销点布局、场所、商品及价格等线下销售集中监管,科技产品线上销售平台建设及运营管理,提升园区运营效益。

(5)景点运维部

职责: 负责园区旅游资源建设与保护、景点开放运营、景观升级改造、游览设施维护管理工作,监管景点服务项目、正常营业、服务质量等工作,增强园区资源吸引力。

(6)公共保障部

职责: 负责园区户外景观维护、休息设施维护、植物资源种养、绿化美化、环境保护、垃圾清扫、卫生间管理、工程维修等工作,保障园区有序运转,提升园区资源环境质量。

(7)安全保卫部

职责: 负责园区出入口、停车场、安全监控、园区巡逻、消防设施设备、应急救护等日常管理工作,建立突发事件应急预案,消除各种安全隐患,确保安全运营。

(8)餐饮服务部

职责: 负责园区餐饮设施日常管理工作,严格做好食品安全卫生,保质保量为员工

及游客提供本土风味和特色餐饮服务，有效引导游客节约饮食和绿色消费。

（二）园区制度管理

1.构建标准服务体系 为建立健全海口热带农业科技博览园高效有序的工作运行机制，提高管理水平，强化适用法律、法规、标准的识别和应用，构建海口热带农业科技博览园服务标准体系。

（1）服务标准体系构建的原则：

一是全面系统。标准体系的搭建是全面而系统性的工作，也是一项科学的工作。海口热带农业科技博览园构建服务标准体系时，秉承"系统论"的思想，将园区作为一个全面的生态系统来看待，实现各管理要素的相互协调，并依据服务业的自然属性，来划分层次和服务活动的分类。

二是相互协调。构成标准体系的各标准并不是独立要素，各标准之间相互联系、相互作用、相互约束、相互补充，从而构成一个完整的统一体。海口热带农业科技博览园构建服务标准体系时，充分考虑标准的协调性和相对独立性，尽力做到配套、系统和便于推广执行，最大程度地发挥标准体系在规范和完善园区经营管理方面的作用。

三是先进引导。海口热带农业科技博览园在搭建服务标准体系时，充分考虑和学习相关类型园区的优秀管理模式和管理经验；同时也充分考虑本园区目前的经营管理现状，是否能够接受相应的管理模式或管理制度的变化，把将前瞻性与务实性进行结合，把部分前瞻性的先进内容纳入体系框架，对园区管理进行引导。

四是动态开放。由于海口热带农业科技博览园发展较快，新的管理思想和方法也在不断推陈出新，标准体系内部一个标准的变化可能引起与此相关的标准发生变化。在编制园区标准体系表、确定标准项目时，既考虑到目前的需要和发展水平，也对未来的发展有所预见，使体系表留有可扩充的空间。

（2）服务标准体系构建的内容：海口热带农业科技博览园服务标准体系框架，主要包括服务通用基础标准体系、服务提供标准体系和服务保障标准体系三部分。服务通用基础标准体系是所有服务业组织在建立和实施标准体系时应遵循的一些通用的或基础的标准集合，对服务提供标准体系和服务保障标准体系的建立和制定起着技术上的保障和支撑作用。服务提供标准体系是服务业组织标准体系的核心，是为满足顾客需求、规范服务提供者与顾客之间直接接触活动而建立的标准体系，是服务业组织对"外部"服务的标准体系。服务保障标准体系则是针对服务业组织"内部"管理的标准体系，是服务业组织为支撑服务有效提供而制定的规范性文件的集合。这三大体系各司其职，互为补充，协调配套。

2.出台园区管理制度 根据国家旅游、农业、科技的有关法律、法规、标准和中国热带农业科学院有关管理规定，结合海口热带农业科技博览园实际情况，把制度集成创新摆在突出位置，先后出台了海口热带农业科技博览园经营管理、安全管理、卫生管理、环境管理等管理制度45项（目录如下），进一步规范员工服务流程，提升园区服务水平，提高园区运营效率，完善园区监督监管机制，高质量高标准建设。

海口热带农业科技博览园管理制度目录

海口热带农业科技博览园组织机构与职责

海口热带农业科技博览园游览接待管理程序

海口热带农业科技博览园旅游交通管理程序

海口热带农业科技博览园旅游安全管理程序

海口热带农业科技博览园环境卫生管理程序

海口热带农业科技博览园餐饮服务管理程序

海口热带农业科技博览园旅游购物管理程序

海口热带农业科技博览园建设项目管理程序

海口热带农业科技博览园研学旅行管理程序

海口热带农业科技博览园设施设备管理程序

海口热带农业科技博览园园林绿化管理程序

海口热带农业科技博览园种植基地管理程序

海口热带农业科技博览园养殖基地管理程序

海口热带农业科技博览园节省能源资源管理程序

海口热带农业科技博览园环境保护管理程序

海口热带农业科技博览园旅游投诉管理程序

海口热带农业科技博览园应急准备与响应程序

海口热带农业科技博览园环境质量检查管理程序

海口热带农业科技博览园顾客满意测评管理程序

海口热带农业科技博览园人员培训管理程序

海口热带农业科技博览园旅游统计管理程序

海口热带农业科技博览园经营决策管理程序

海口热带农业科技博览园旅游资源管理程序

海口热带农业科技博览园旅游营销管理程序

海口热带农业科技博览园游客中心管理工作制度

海口热带农业科技博览园讲解员工作制度

海口热带农业科技博览园接待员工作制度

海口热带农业科技博览园停车场管理工作制度

海口热带农业科技博览园标牌管理工作制度

海口热带农业科技博览园消防管理工作制度

海口热带农业科技博览园保安员工作制度

海口热带农业科技博览园销售员工作制度

海口热带农业科技博览园销售产品质量控制制度

海口热带农业科技博览园绿化管理工作制度

海口热带农业科技博览园植物引种保存管理制度

海口热带农业科技博览园场地卫生管理制度

海口热带农业科技博览园卫生间管理工作制度

海口热带农业科技博览园旅游高峰期应急预案

海口热带农业科技博览园防火灾应急预案

海口热带农业科技博览园防台风应急预案

海口热带农业科技博览园突发事故应急预案

海口热带农业科技博览园形象标志

海口热带农业科技博览园公共信息标志适用标准

海口热带农业科技博览园游客物品寄存租赁管理制度

海口热带农业科技博览园园区员工手册

（三）园区运行管理

1.旅游交通管理　一是加强海口热带农业科技博览园交通标识管理。通往园区的交通主干道上有景区标志标识，可进入性较好，交通设施完备。二是加强海口热带农业科技博览园停车场管理。设立专用生态停车场，满足容量需求；停车场分设出入口、停车分区、专人值管，设停车场安全监控系统。三是加强海口热带农业科技博览园路线管理。游览路线进出口、游道或线路设置合理，建设生态或仿生态游步道，使用低排放的交通工具。

2.游览服务管理　一是加强海口热带农业科技博览园游客中心管理。配备咨询服务台，提供公众信息资料和咨询服务；提供休息设施，配备电脑触摸屏、影视播放系统；公布景区主要产品、服务项目、收费价格等信息；提供文创、品饮、园区商品快递业务等增值服务。二是加强海口热带农业科技博览园游览标识管理。设导游全景图、导览图、标识牌、景物介绍牌等各种引导标识。三是提供配套讲解服务。采用标牌解说、电子解说、导游解说等多种解说方式；讲解员持证上岗，人数及语种能满足游客需要。四是提供配套休憩服务。游客公共休息设施和观景设施布局合理，数量充足。

3.旅游卫生管理　一是加强海口热带农业科技博览园环境管理。无污水、污物，无乱建、乱堆、乱放现象，建筑物及各种设施设备无剥落、无污垢。二是加强海口热带农业科技博览园厕所管理。配备AA级厕所，布局合理，全部厕所配备水冲、通风、置物、手纸等设施设备，并保持完好；保持厕所整洁，洁具洁净、无污垢、无堵塞。三是加强海口热带农业科技博览园垃圾管理。垃圾箱布局合理，分类设置，数量满足需要，造型美观，与环境协调；垃圾清扫及时，日产日清。四是加强海口热带农业科技博览园餐饮卫生管理。提供本土风味和特色餐饮；餐饮服务配备消毒设施，有效引导游客节约饮食和绿色消费。

4. 旅游购物管理　一是对海口热带农业科技博览园购物场所进行集中管理，环境整洁，秩序良好，无围追兜售、强买强卖现象。二是对海口热带农业科技博览园商品经营，实行统一质量管理、价格管理、计量管理、售后服务管理等。三是丰富旅游商品种类，销售具有本地区和海口热带农业科技博览园特色旅游商品。

5. 旅游安全管理　一是建立完善的海口热带农业科技博览园安全保卫制度，配备充足的安全保卫人员；游客实施限量、预约和错峰管理。二是确保交通、机电、游览、娱乐等设施设备完好，运行正常；消防、防盗、救护等设备齐全、完好、有效，设闭路监控系统。三是安全警示标志齐全、醒目、规范，危险地段标志明显，防护设施齐备、有效。四是建立突发事件应急预案，建立及时预警和信息发布机制，事故处理及时、妥当。五是设立医务室，配备医务人员，提供必备的急救设施设备、常用药品和医护服务，与相关医疗机构建立紧急救援联动机制。

6. 旅游文化管理　一是打造鲜明文化主题。把海口热带农业科技博览园历史文化、生态文化、科技文化等多种文化形态，有机融入旅游项目和旅游活动中，凸显海口热带农业科技博览园独特的文化内涵。二是强化文化展示场所或空间。通过景观、实物、图片、活动或现代技术手段等方式有效展示文化，将园区主要建筑和游览设施融入文化元素。三是强化文化创意。策划文化与文创旅游产品，开发有特色的研学产品或文化旅游活动，提升文化体验效果。四是构建园区价值观念和经营方针，形成良好的产品形象、质量形象、视觉形象和员工形象。五

海口热带农业科技博览园标志

是强化海口热带农业科技博览园形象口号传播。让"博览热农科技　相约海口热园"的形象口号深入人心，成为海口热带农业科技博览园对外展示的旅游形象文化标识。

7. 智慧园区管理　一是宽带网络满足园区办公和游客基本游览活动需要，手机信号覆盖游客可游览区域，免费无线局域网覆盖园区游客中心、各景点及其他游客聚集区。二是游览的主要区域和景点安装监控设备，支持通过园区APP或微信扫码开展客流数据采集、环境和安全监测等工作。三是建设园区官方网站或新媒体平台。通过门户网站、微信公众号、移动APP等提供园区票务、游览、餐饮、购物查询服务和相关预约服务。四是在主流旅游网站、交易平台或自媒体平台开展在线营销活动。五是建立园区管理信息系统，基本实现日常办公、资源管理、业务运转、安防监管的有效运营和智慧化管理。

8. 资源与环境保护管理　一是构建旅游资源保护制度，保持自然景观、文化遗产的真实性和完整性。二是建立完善的生态环境保护制度与监测机制，确保环境空气质量、环境噪声质量、地表水环境质量符合要求，环境氛围与环境美化效果良好。三是建筑布

局合理，建筑物与景观环境相协调，出入口主体建筑有格调，周边建筑物具有一定的缓冲区或隔离带。四是对旅游者和员工进行环境宣传教育，引导他们保护环境、低碳出行和绿色消费。

9.综合经营管理　一是按照"行政＋利益"原则，实行"投管分离、独立核算、自主运营"的运营模式，以"行政"为引导，争取财政项目建设园区，夯实基础，节本增效；以"利益"为纽带，争取市场资金，开源增收，促进发展。二是建立健全市场化运作机制，包括市场化决策机制、灵活的引才用人机制、项目合作共赢机制、有效的奖励激励机制等，科学统筹各方责、权、利，加大宣传推广和市场营销，借助外力扩大园区影响力。三是采取"统一管理、相对独立"的管理模式进行市场化运营。由运营管理中心对园区进行统一管理运营，各馆（园）间相对独立运营，实现统一经营与自主经营相结合，整合资源、合作共赢、利益共享。四是强化履行社会责任，弘扬传统文化和开展科普教育，组织或参加公益性活动，带动当地社会就业和旅游富民增收。

二、海口热带农业科技博览园发展模式

（一）园区发展模式内涵

园区的发展模式受多种因素所制约。如国家的发展战略、区域的发展程度、单位的发展水平、园区自然资源情况、管理体制机制等因素都影响着发展模式的选择。

2011年，中国热带农业科学院创建了海口热带农业科技博览园，为了推进园区资源的利用与开发，经过十年对海口热带农业科技博览园农科旅融合发展模式的休闲农业探索和实践，统一思想、凝聚共识，走出一条依托特色资源的利用与开发，促进科技与经济深度融合，带动"农业＋科技＋旅游"产业集群的高质量发展道路；深刻认识和理解海口热带农业科技博览园农科旅融合概念及其发展模式的内涵和特征，可推动海口热带农业科技博览园在高质量发展上不断取得新进展。

1.园区农科旅融合概念　农科旅融合是指农业、科技和旅游之间通过资源整合、市场共享、技术渗透、功能关联等融合路径，使农业、旅游和科技产业链中的模块发生重构和解构，催生新的业态，形成新的经济增长点，实现互补发展的过程。

农科旅融合是休闲农业发展的新模式，是实现产业融合的新手段。农科旅融合不是简单地给三者做加法，而是要通过借助产业链整合重组，催生科技新产业、新业态、新模式，推动农业从生产走向生态，生活功能不断拓展，形成联动发展的产业生态圈。

2.园区发展模式内涵　海口热带农业科技博览园发展模式主要内涵表现为：

一是立农为农。海口热带农业科技博览园以建设高效农业科研试验基地为发展依托。立足海南热区，支撑海南自由贸易港国际旅游消费中心建设；面向中国热区，支撑热带现代农业发展，服务产业融合升级；走向世界热区，引领中国热带农业"走出去"，服务国家"一带一路"建设。

二是科技引领。海口热带农业科技博览园以展现热带农业高新技术成果为特色主题，把当好带动热带农业科技创新的"火车头"、促进热带农业科技成果转化应用的"排头兵"、培养优秀热带农业科技人才的"孵化器"和加快热带农业科技走出去的"主力军"作为园区重任。

三是市场导向。海口热带农业科技博览园以开放热带休闲农业旅游为体现形式，引导全院资源要素更多地向园区汇聚，充分发挥市场在资源配置中的决定性作用，激活要素、激活市场、激活主体，加快科技与现代热带农业、旅游产业要素跨界配置。

四是产业融合。海口热带农业科技博览园以构建集群科技产业生态圈为发展方向。通过资源整合、市场共享、技术渗透、功能关联等融合路径，努力促进热带农科旅产业链整合重组，形成联动发展的产业生态圈，催生科技新产业、新业态、新模式，推动农业从生产走向生态、生活功能的拓展。

五是绿色发展。海口热带农业科技博览园以开发绿色高质量旅游产品为核心体系。通过开发形式多样、独具特色、个性突出的绿色科技成果、珍奇植物品种、高端科技产品、特色研学产品等休闲农业业态和产品，践行绿水青山就是金山银山理念，促进生产生活生态协调发展。

六是品牌带动。海口热带农业科技博览园以培育国家优质高端品牌为价值体现。通过品牌创建，形成视觉美丽、体验美妙、内涵美好的休闲旅游精品景点、特色科普研学基地和创新城市靓丽名片，持续、有效带动区域旅游高质量、可持续发展。

3. 园区发展模式特征　海口热带农业科技博览园农科旅融合发展的休闲农业模式基本特征体现为"五个融合"，即在农科旅资源融合基础上，催生农科旅产品与项目融合，形成农业科技旅游产业链，从而整合成一种新的农科旅文化体系，并最终实现农科旅管理体制机制融合。

一是资源融合。随着生态文明建设、美丽中国建设的不断深入推进，人与自然和谐发展，旅游需求也发生变化，热带农业资源和科技资源对游客的吸引力持续提升，并逐步朝着旅游资源方向转化，为农业科技旅游的开发奠定了基础。

二是产品融合。在资源融合的背景下，农业产业逐步拓展农业休闲、体验、观光等新功能，科技产业逐步拓展科技创新、成果展示、成果交易、产品开发、农业科普、企业孵化等公共服务，并将其应用于旅游产业中，催生了科普研学、休闲体验、会务会展等农业科技旅游类产品与项目。

三是产业融合。随着农业科技旅游类产品及其衍生产品的丰富与发展，产业链不断变革，逐步发展起以农业科技旅游资源开发为导向、以高端特色旅游产品供应为基础、以知识产权运营服务为聚集的农业科技旅游产业链，形成联动发展的科技产业生态圈，有效带动了热区一二三产业融合和海南休闲健康旅游产业良性发展。

四是文化融合。随着人们旅游个性化需求的提升，寻求文化享受已成为当前旅游者的一种风尚。以热带农业文物、建设史记、科研遗址等为代表的历史文化层和以创新文

化、造园艺术、技术成果为代表的现代文化层的交融，整合形成一种新的农科旅文化体系，使旅游者获得富有文化内涵和深度参与旅游体验。

五是制度融合。在农科旅融合发展改革中，探索建立符合农业科技和旅游经营规律的管理体制机制，是园区高质量发展的关键。发挥海南自由贸易港先行先试的制度优势，努力探索破除农科旅间制度壁垒，以制度创新推动农科旅融合、以改革赋能园区新发展，推动资源、产品、产业和文化的汇聚，达到有序融合、健康发展。

（二）园区发展模式创新

推动海口热带农业科技博览园高质量发展是园区发展的根本要求，当前海口热带农业科技博览园发展进入各种风险挑战不断积累甚至集中显露的时期，呈现的新困难和矛盾依然突出，面临的问题和短板依然不少。必须坚持问题导向、目标导向、结果导向，坚定走农科旅融合发展的道路，通过模式创新、产品创新、制度创新，不断推动园区发展质量变革、效率变革、动力变革，倾力打造农科旅融合发展新典范，让高质量发展成果更好地服务社会经济建设，惠及广大人民群众。

1.加强园区科技引领性的研究工作 科技引领性是园区发展的核心。建立有科学内涵的园区也是今后农业科技博览园的一大发展方向。因此，海口热带农业科技博览园必须不断提升以"提高科学内涵，提升主体功能"为目标，进一步提升园区保护、科研、科普和利用功能。

一是要积极扛起国家热带农业科技力量的责任与担当，以现代实验设备和先进的科学技术武装园区，致力于打造国家热带农业科学中心，支撑热带现代农业发展，服务产业融合升级，引领中国热带农业"走出去"。二是要努力建立一支既有深厚专业知识背景，又有较强实践能力的专业科研队伍，面向园区工作的实际和研究的热点，开展富有特色的研究工作，重点在热带植物多样性保育、植物资源的可持续利用等领域开展工作，逐渐培养一批有影响力的行家里手。三是扩大新品种、新技术、新材料、新装备、新模式的推广应用力度，努力使园区的科技成果转化工作更加工程化、产业化，努力打造国内植物园区引领产业发展的行业典范。

2.加强园区资源多样性的保护工作 资源多样性是园区发展的灵魂。以丰富的资源取胜是著名植物园，也是农业科技博览园的最重要特征。因此，应着力加强热带植物种质资源的收集、保护和利用工作，使园区特色资源丰富起来，加强资源多样化的研究。

一是要加强野生植物保护、开发和利用。重视热带野生植物的就地保护和迁地保存研究，发掘野生植物资源，总结植物引种驯化的理论与方法。二是要加强珍稀濒危植物人工繁育和迁地保护。有计划地收集和保护热带珍稀濒危植物种类，进行就地保护或迁地保护，开展人工繁育。三是有意识地搜集引种其他适生植物种质资源，以丰富植物园及地区的植物种质资源，从而进一步提高区域植物种类的多样性。四是发挥国家热带植物种质资源库作用，建立热带珍稀濒危植物迁地保存标本园，建立种质基因库，以形成植物迁地保护的监测系统，争取纳入世界珍稀濒危植物保护网络。

3.重视园区内容创新性的建设工作　内容创新性是园区发展的重点。现代农业科技博览园的建设应是科学与艺术相结合的产物。海口热带农业科技博览园必须不断提高建园水平，增加独出心裁的内容，反映最新艺术风貌，以便更好地为游客服务。

一是应用丰富的植物种类，根据植物分类、植物地理、植物生态学科的基本原理，用园艺学、植物栽培学和造园艺术的基本知识，从美学观点出发，塑造出有丰富科学内涵的美丽园景，给人们以大自然美的享受。二是充分利用植物造景，在设计中把握原则，遵循科学理念，注重多学科的合作，同时注重高新技术在园区的规划与建设中的应用，从而创造符合科学原则、反映社会需求、技术发展、美学观念和价值取向的作品。三是需要不断地创新，特别是借鉴国外植物园一些好的设计案例，不断丰富植物园的设计内容。如以季节为主题布置、按植物颜色为主题布置、按植物用途布置的各类园等。

4.重视园区科普特色性的开发工作　科普特色性是园区发展的需求。农业科技博览园与植物科学密不可分，通过采取各种方式进行科普活动，达到科学普及的目的。海口热带农业科技博览园必须强化特色科普教育基地和研学旅游基地建设，不断提高科普教育水平。

一是建立专业队伍，完善的科普设施，配备声、光、电等现代化的科普设施，采用先进科教手段，丰富展出内容，提高科普宣传与教育的质量。二是开展形式多样化的科普教育活动。如各种研学旅游、主题展览、科学考察等，以吸引游人和扩大宣传，达到寓教于游的效果。三是定期召开热带植物园创新联盟年会、组织专题学术讨论会、学术报告会等有关的学术交流活动，成为植物学术的纽带。四是加大科普著作、科普文章、音像制品等编撰，应用互联网、移动手机、移动电视、微博等新媒体开展科普传播，丰富科学传播的内容，加快科学传播的进度，扩大科学传播的范围。

5.强化园区管理系统性的建设工作　管理系统性是园区发展的前提。在全球化背景下，农业科技博览园发展受到越来越多因素的影响。因此，海口热带农业科技博览园必须坚持问题导向、目标导向、结果导向，探索有效的管理模式，构建现代化治理体系，增强现代化治理能力。

管理系统性是园区发展的前提。在全球化背景下，农业科技博览园发展受到越来越多因素的影响。海口热带农业科技博览园必须坚持问题导向、目标导向、结果导向，探索有效的管理模式，构建现代化治理体系，增强现代化治理能力。

一是强化顶层设计。围绕实施可持续发展战略、创新驱动发展战略和建设生态文明、美丽中国，以问题为导向，根据园区战略定位，统筹布局，强化协同，加强工作衔接和协调配合，整体推进，分步实施，提升园区资源配置使用效率。二是强化体系构建。把破解制约园区发展的体制机制障碍作为突破口，加强协同创新，完善组织运行，推进开放共享，强化目标考核和动态调整，构建系统完备、科学规范、运行有序的制度体系。三是强化能力提升。找准着力点，增强针对性，加强重要领域和关键环节能力建设，提升园区战略能力、投入能力、创新能力、扩散能力、转化能力和协同能力，提高治理的质量和效益，发挥园区的引领和带动作用。

6.强化园区经营灵活性的实施工作 经营灵活性是园区发展的关键。农业科技博览园重在加强园区开发和旅游工作。海口热带农业科技博览园必须面向市场，不断投入提升园区游憩体验空间，形成依靠旅游创收促发展的良性循环机制，走自我积累、自我完善、可持续发展的道路。

一是要建立多渠道多元化的投融资渠道。加大对平台条件能力建设和资源开放共享投入，设立园区专项运行经费，给予一定稳定性或引导性支持。通过政府购买、项目合作等方式，推动园区开展社会公益服务和扩大对外开放共享。二是加强园区开发创收。扩大技术成果转让许可等转化收益，技术开发、技术咨询、技术服务等产学研合作收益，科研副产品、试制产品等科技成果自我转化收益，实施成果转化奖励，提高科技人员工作积极性。三是加强园区经营创收。对外开展休闲旅游服务、研学旅行服务、线上线下产品销售、会议会展服务、特色饮食体验等经营活动，形成依靠旅游创收促发展的良性循环。

7.扩大园区对外开放性的推进工作 对外开放性是园区发展的趋势。世界上主要的植物园、农业科技博览园都在加大交流与合作，互相学习先进经验。海口热带农业科技博览园必须与时俱进，强化园区的使命担当，扩大与国内外植物园之间的交流与合作，不断提升知名度和显示度。

一是完善热带植物园创新联盟体系，加强网络体系的宣传，吸引更多成员加入，增进成员间交流互动，互换种质资源，分享管理经验，提供规划、规范等公共服务。二是根据现有资源、人才储备、地区发展需求，开展与国内重点园区资料信息、科研、种子和物种的交换，定期进行人员互访和培训，进行项目合作，做到互相促进，取长补短。三是突出优势、强调特色，积极联合所在地区植物园区和学会（协会）公益组织等各方面力量，在热带生物多样性保护和促进可持续发展等发挥关键乃至领导作用。四是充分发挥中国热带农业科学院国际合作交流优势，服务国家"一带一路"倡议，积极主动承办国内国际学术交流会议活动，促进"一带一路"沿线国家科研机构间在迁地保护、能力建设以及环境教育方面的共同提升。

8.推进园区产业生态圈的构建工作 产业生态圈是园区发展的未来。世界上先进的农业科技博览园已在探索发挥园区平台的耦合作用，构建新型产业生态圈，促进园区产业集群高质量发展。海口热带农业科技博览园必须推动由单一的技术创新向产学研高效协同的集群创新转型，促进园区高质量、品牌化发展。

一是在战略上从传统设施平台向现代化设施平台转变，围绕产业需求构建多功能平台，围绕人群需求构建个性化服务平台，促进园区功能的发挥和园区技术、知识、信息、资源与人才等创新要素的迸发与自由流动。二是在区位上由地理区位向网格区位转变，延伸科技产业链和价值链，使参与园区运营的各主体不仅仅是空间和设施上的共享，而且在产业之间有垂直或水平的功能联系和价值链环节上互联互通。三是在产业上从资源驱动转向数字驱动，推进传统农业、旅游业转向智能化创新与数字化重塑，加速产业链、技术链和创新链深度融合，实现产业的优化升级。四是在动力上从物力优先向人力优先转变，加快人才聚焦培育，打造人才的孵化器，激发创新创业的活力。五是在机制上从行政主导向市场结盟转变，充分发挥市场作用，形成组织共治、利益共享、风险共担的多元化网络治理模式，促进产业集群高效快速发展。

（三）园区发展模式价值

经过10年对海口热带农业科技博览园农科旅融合发展的休闲农业模式的探索和实践，使得园区的发展内涵不断科学化、生物资源不断多样化、园林风貌不断艺术化、科普研学不断主题化、科技文化不断繁荣化、游憩空间不断丰富化、战略使命不断凝聚化，使得中国热带农业科学院职工向心力得到显著增强，成果生产力得到快速转化，核心竞争力得到有效提升，对外影响力得到大幅提高，单位价值力得到充分实现。

总结园区发展模式贡献和吸取实践经验教训，对于推进海口热带农业科技博览园进一步高质量发展，对于丰富完善休闲农业理论体系具有参考价值，对于加快推动我国农业科技旅游开发提供有益借鉴，对于示范引领科技产业聚群发展形成带动效应，对于强化打造国家农业战略科技力量产生积极影响。

1. 发展模式对丰富完善休闲农业理论体系具有参考价值　随着人们旅游个性化需求的逐步提升，传统农旅融合发展模式已然无法适应经济社会发展要求，亟待进一步拓展和延伸农业功能，创新休闲农业发展模式，推动农业现代化建设与产业结构转型升级，而农科旅融合无疑是一个行之有效的途径。经过10年的积极探索，海口热带农业科技博览园率先建立了热带农科旅融合发展新模式，有效地实现了资源融合、产品融合、产业融合、文化融合和制度融合，促进了经济、社会、生态、文化效益相统一，从而进一步推动休闲农业理论体系的丰富和完善。该模式可简单理解为农业、科技与旅游业的融合。就本质而言，指的是根据市场需求与政策引导，在农业、科技和旅游之间通过资源整合、市场共享、技术渗透、功能关联等融合路径，进行农业科技旅游资源开发、产品生产、市场营销、空间布局及运行管理的全过程。作为一个关联度极强的综合型产业，产业链渗透融合与交叉重组，推动了新兴业态的产生，形成联动发展的产业生态圈，为产业转型升级注入了无限活力。

2. 发展模式对加快推动我国农业科技旅游开发提供有益借鉴　海口热带农业科技博览园坚持"开放办园、特色办园、高标准办园"的方针，以"农业＋科技＋旅游"融合发展为基本内涵，以热带农业科技、热带珍奇植物、科普教育示范和热带特色产品为核心产品体系，探索创建了热带农科旅融合发展新模式，致力于热带特色农业科技旅游资源的综合利用与开发，构建了"一心、两馆、三园、四场、五景、六区、七楼"的总体格局，促成了"科技创新＋成果交易＋产品开发＋科普研学＋休闲体验＋会务会展＋人

才培养＋国际合作"等科技产业聚群发展，使海口热带农业科技博览园步入了快速、协调、健康发展轨道，创造性地打造出展现新时代中国热带农业科学院独具的科学内涵、多样资源、艺术风貌、文化底蕴、科普主题、游憩体验和使命担当的国家名片，初步形成了引领国家热带农业科技对外开放重要平台、海南省会城市精品景区、海南自由贸易港靓丽名片和国际旅游岛高端品牌，对我国农业科技旅游开发实践提供了宝贵的经验借鉴。

3. 发展模式对示范引领科技产业聚群发展形成带动效应　海口热带农业科技博览园经过近几年的对外开放运营和农科旅融合发展模式实践，充分发挥海南自由贸易港政策优势，汇聚国内外热带农业科教优势资源，探索建立符合农业科技和旅游经营规律的管理体制机制，推进了中国热带农业科学院"一个中心、五个基地"，即创建世界一流的热带农业科技创新中心，加快热带农业科技创新基地、科技成果转化基地、技术试验示范基地、国际交流合作基地和高层次人才培养基地建设；在快速推进热区农业现代化、科技支撑热区乡村振兴和积极参与海南自由贸易港建设等方面贡献了自身的责任与担当，得到了国家、各部委、热区九省（自治区）领导肯定表扬。该模式的成功应用，对助推热区一二三产业融合发展、推进热带农业全面升级、热区农村全面进步、热区农民全面发展提供了很好的战略支撑；对助力海南国际旅游消费中心建设，促进海南"农业＋科技＋旅游"产业提质升级，推进生态文明建设、美丽中国建设，推动形成人与自然和谐发展提供了有效的资源支撑。

4. 发展模式对强化打造国家农业战略科技力量产生积极影响　打造国家热带农业科学中心是习近平总书记亲自谋划、亲自部署的重大战略安排。农业农村部等13部门联合印发《国家热带农业科学中心建设规划（2021—2035年）》，明确要立足海南、面向全球、聚焦关键、带动整体，强化国家热带农业战略科技力量，支撑海南自由贸易港建设，力争用10～15年把海南打造成世界一流的热带农业科学中心。中国热带农业科学院以海口热带农业科技博览园为着力点，深入贯彻和积极践行习近平总书记"4·13"重要讲话精神，积极扛起国家战略科技力量的责任与担当，大力推进农科旅融合发展模式应用，进一步聚焦目标重点，打造特色亮点，发挥科技、人才和资源优势，在打造世界热带农业科技创新高地、全球科技成果转化应用样板、国际热带农业高层次人才培养智谷、热带农业科技合作交流枢纽和管理体制机制创新先行先试样板等方面积极作为，扩大影响，努力在推进热区农业现代化、科技支撑热区乡村振兴和参与海南自由贸易港建设等方面贡献力量，小园区彰显大作为。

海口热带农业科技博览园文化展示

第五章
DIWUZHANG

▶▶▶

一、海口热带农业科技博览园文化建设

海口热带农业科技博览园文化建设，坚持立足中国热带农业科学院精神文化底蕴，构建起精神文化、创新文化和制度文化"三位一体"的海口热带农业科技博览园文化重要阵地，营造浓厚的文化氛围，彰显文化的魅力。

（一）园区精神文化建设

60多年来，在周恩来总理为中国热带农业科学院亲笔题词"儋州立业　宝岛生根"的激励下，以何康老院长、黄宗道院士为代表的热作科技事业开拓者，发扬"无私奉献、艰苦奋斗、团结协作、勇于创新"的中国热带农业科学院精神，扛起"应国家战略而生，为国家使命而战"的责任担当，开创了中国热带农业科学院发展新局面。正是这个中国热带农业科学院精神，形成了今天海口热带农业科技博览园重要精神形态，有着特殊的情感内涵和重要的时代价值。

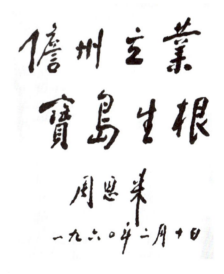

1.无私奉献　无私奉献是中国共产党人的精神风貌，也是无产阶级人生观的一种体现，是革命军人高尚职业道德的一种表现。无私奉献包括：一切以人民利益为重，坚持全心全意为人民服务的根本宗旨，大公无私，克己奉公，鄙弃一切个人主义、利己主义、拜金主义和争名逐利的不良意识，是中国共产党在长期的革命和建设实践中不断发扬光大，成为党的一笔极其宝贵的精神财富。

2.艰苦奋斗　艰苦奋斗是中华民族的传统美德，是中华民族精神的重要内容，是与人类社会发展同在的。艰苦奋斗集中表现为艰苦创业精神，作为一种积极、健康的生活态度，要不断追求进步，不断提高自己的生活质量。在新时期，推进现代化建设更需要大力倡导和发扬艰苦创业精神，要实现全面建设小康社会的奋斗目标，把我国建设成为富强民主文明和谐的社会主义现代化国家，我们必须始终保持谦虚谨慎、艰苦奋斗的作风。

3.团结协作 团结协作是一切事业成功的基础，是立于不败之地的重要保证。团结协作不只是一种解决问题的方法，而是一种道德品质。它体现了人们的集体智慧，是现代社会生活中不可缺少的一环。在日常生活、学习和工作中，要互相支持、互相配合，顾全大局，尊重他人，虚心诚恳，积极主动协同他人做好各项事务。只有拥有这种优秀的品质，才能担当起建设祖国的重任。

4.勇于创新 创新是引领发展的第一动力，必须把创新摆在国家发展全局的核心位置，不断推进理论创新、制度创新、科技创新、文化创新等。当前，我国正处在改革攻坚的社会转型期，就是需要这样的精神状态，就是需要这样的大无畏气魄，需要有一种解放思想、大胆探索、勇于实践的革命精神。

（二）园区创新文化建设

创新精神、科学思想、价值导向、伦理道德、爱国主义精神是海口热带农业科技博览园创新文化建设的核心内容。

1.总体要求 紧紧围绕并服务于精神文明建设和科技创新总体目标，为推动中国热带农业科学院创新文化建设改革与发展，促进出成果、出效益、出人才提供良好的政策环境、学术环境、管理环境、院区环境，营造科学民主、锐意创新、协同高效、廉洁公正的文化氛围。尊重植根于团队合作的个体学术自由，营造百家争鸣、开放和谐的良好氛围，信守科研道德规范、弘扬科学精神，创造人才脱颖而出、敢为天下先的人文环境，提供服务优质、信息便捷、环境优美的工作条件。

2.主要任务 创新文化建设重点在于紧紧围绕中国热带农业科学院发展的战略目标和战略定位，牢固树立正确的农业科技价值观、正确引导广大职工的价值取向、建立与时俱进的价值理念；提倡严谨的科学精神和科学态度，弘扬团结协作的团队精神，营造和谐向上的人际关系和良好的人文环境；以职业道德建设为重点，确立各类人员的行为规范；对于各级领导干部，要突出强调全局意识、政策观念、务实创新、民主平等、清正廉洁的精神，对科技人员，要突出强调献身科学、开拓创新、唯实求真、团结协作、服务社会的精神，对于机关管理人员要突出强调规范管理、依法办事、高效服务、作风民主、廉洁奉公的精神，对科辅人员要突出强调一丝不苟、讲求效率、优质服务、求精求新、保障有力的精神。通过创新文化建设建设，充分调动和激发广大职工的积极性和创新精神，为实现创新目标提供持久不衰的精神动力。

3.行动计划 大力推进创新文化建设"九个起来"行动，进一步统一思想，打造创新文化、特色文化、团队文化理念，不断增强员工的凝聚力和归属感，全面提升园区对外影响力。

一是群团组织健全起来。通过一系列的文体活动作为载体，充分发挥群团组织的独特优势和作用，积极展示其作为和影响力，真正把全体员工的智慧和力量凝聚到实施

"热带农业科技创新能力提升行动"上来，为院所跨越发展提供强有力支撑，努力营造上下齐心、内外团结的工作氛围，保持奋发有为、昂扬向上的精神状态，努力为热带农业科技的发展汇集强大的精神力量。

二是网站功能发挥起来。门户网站是彰显单位主体功能和热带农业科技贡献的主要载体，是展现精神风貌和社会形象的重要窗口，也是现代科研院所建设的重要举措。各单位要结合自身实际，改版单位网页界面，丰富网站内涵，发挥网站"宣传的阵地、学习的园地、交流的平台、展示的窗口"四大功能。

三是学术氛围活跃起来。围绕中国热带农业科学院重点研究领域、重点学科和院所主要研究方向，开展院所两级学术交流活动，邀请国内外知名专家面向全院作学术报告，突出体现报告内容的前瞻性、前沿性和广谱性；组织开展院每年一次的青年学术论坛，活跃学术氛围、启迪学术思想、促进学科发展，激励青年科技人员潜心研究、勇于创新，提升青年科技工作者的科技创新能力和学术交流能力，促进青年科技人才成长。

四是书香院所建立起来。依托"职工电子书屋"，开展读书月活动，以维护员工精神文化权益，提高职工队伍素质为宗旨，着力加强对职工阅读的覆盖力度，不断满足广大职工特别是一线科研人员多样化的阅读需求，营造全院职工"爱读书、读好书、善读书"的浓厚氛围。

五是文体活动丰富起来。充分发挥单位工会、共青团、女工委作用，引导组建院足球、篮球、羽毛球、乒乓球、骑行、瑜伽、棋牌、读书、摄影、徒步等俱乐部，广泛动员、吸引和组织员工参加文化体育活动，提高员工的身体素质和文化艺术修养，丰富员工业余文化生活，营造宽松和谐的人文氛围和工作环境，为院科技创新服务。

六是先进典型树立起来。充分挖掘先进典型，积极策划宣传活动，开辟"专家风采""身边的典型"专栏，重点宣传报道重大科技活动、事件以及老、中、青优秀专家；结合"两优一先"评选、服务型党组织建设、党建示范点创建等活动，重点宣传"试验场双联系""四川攀枝花模式""贵州黔西南模式""广西田阳模式"等特色品牌。

七是青年志愿者行动起来。组建青年志愿者队伍，引导有热心、有爱心的青年投身志愿服务活动，切实发挥志愿者的重要作用。开展富有实效、形式多样的活动，大力弘扬"奉献、友爱、互助、进步"的志愿精神，把"服务三农，奉献社会"的宗旨传播到院内外，走出热带农业科学院，走向社会。

八是核心价值观培育起来。开展培育核心价值观系列活动，凝聚传递正能量。大力宣传《中国热带农业科学院工作人员行为准则》，有条件的单位还可组织开展知识竞赛、演讲等予以宣传，使"行为准则"深入人心。开展主题征文活动、主题书法作品征集，引导广大干部职工深入了解中华民族的历史传统、文化积淀和基本国情。

九是创新力量凝聚起来。要把各方力量团结起来，多部门、多学科、多领域的协同作战，组建若干支创新团队，聚焦国家战略和产业升级急需的关键技术，注重前沿性探索和储备性研究；要团结和凝聚热区科技力量，促进热带农业科技的大联合、大协作、

大发展，提升热带农业科技创新能力，服务农业供给侧结构性改革，推动热带农业现代化发展。

（三）园区形象文化建设

形象文化通过确定海口热带农业科技博览园的标志，明确产品特色、包装及广告宣传，完善网站、热带农业科学院报等文化传播网络，全方位加强文化载体建设，充分体现热带农业科研文化的内涵，形成特点突出、形象鲜明、简洁明快、具有强烈时代感和积极向上精神，彰显海口热带农业科技博览园理念、精神、创新发展的明显标志。

1.基本原则

一是坚持统一标准的原则。海口热带农业科技博览园标识标牌系统建设，坚持统一标准，所有标识标牌应符合国家公共信息标志相关标准和《海南经济特区公共信息标志标准实施目录》中标准的规定，确保全园标识标牌系统的规范、统一、协调和具有国际化水平。

二是坚持设计先行的原则。坚持系统建设的理念，统筹谋划，做好标识标牌系统建设的顶层设计；坚持设计和实施方案先行，加强标准化评估服务，避免低水平重复建设，既要保证标识标牌系统中的构成要素符合标准的规定，同时兼顾规范化和艺术性、个性化的有机统一，又要保证系统中各要素布局合理、协调美观、与环境和谐，确保系统具备良好的导向功能。

三是坚持权责一致的原则。坚持中国热带农业科学院对海口热带农业科技博览园统一领导，各部门、各单位各司其职，按"谁建设，谁管理，谁负责，谁维护"的原则，开展海口热带农业科技博览园标识标牌系统建设、改造和维护管理工作，协同实施和运行维护管理。

2.主要任务

一是开发策划园区标识标牌系统。对海口热带农业科技博览园做全面深入的市场分析和方案策划，挖掘相关的科技文化元素，提炼采编标识标牌内容，以展现热带农业高新技术，普及热带植物知识为主题，以热带农业科技、热带珍奇植物、科普教育示范和热带特色产品为核心产品体系，构建"一心、两馆、三园、四场、五景、六区、七楼"的标识标牌系统。

二是整理规范园区标识标牌系统。建立海口热带农业科技博览园标识标牌标准目录和规范工作制度，统一海口热带农业科技博览园信息标志标准。全面排查海口热带农业科技博览园区域设置的所有标识标牌，研究分析标识标牌系统建设情况，对照标识标牌目录和规范工作制度进行检查，形成排查报告，提出整改提升措施，全面推进海口热带农业科技博览园标识标牌系统标准化建设。

三是设计应用园区标识标牌系统。结合海口热带农业科技博览园标识CI设计、结构类型、表现方式和旅游国际标准规范，设计出适合园区系列的标识标牌，对既有标识标牌进行标准化改造升级，对新设置的标识标牌严格按标准建设，通过"改造既有，规范新建"，提高园区各景观的辨识度，提升园区的整体对外形象。

四是运行评价园区标识标牌系统。结合海口热带农业科技博览园基础信息，融入院科技内涵、文化底蕴和市场创意，印制园区画册，通过在体验中心开展科普展览，举办对接会、新型媒介和纸制媒介，宣传推介海口热带农业科技博览园项目，吸引客源，运行测试标识标牌效果；同时开展标识标牌系统应用评价，优化调整标识标牌系统应用水平，确保园区统一、有序、规范的传播。

二、海口热带农业科技博览园文化宣传

（一）园区创建"国家3A级景区"

海口热带农业科技博览园近日顺利通过海南省旅游资源规划开发质量评定委员会评定，成功创建为国家3A级旅游景区。

该博览园自2010年开始建设，依托中国热带农业科学院雄厚的科研基础条件和丰富的物种资源多样性进行建设，目前已基本建成为集科技创新、成果展示、农业科普、游学观赏、休闲体验、研学培训、科技交流于一体的科技型展览馆。园区于2020年1月对外开放运营，11月获海口市旅游和文化广电体育局景点备案批复。开园至今，已开展研学沙龙活动近百余场，累计接纳游客超过10万人次。

据悉，中国热带农业科学院后续将持续推进海口热带农业科技博览园优化提升建设，努力将其打造成为海南省会城市精品景区、海南自由贸易港靓丽名片、国际旅游岛高端品牌。

（二）园区打造沉浸式研学活动

新年第一天，海口的市民又多了一个亲子游的好去处。

海口热带农业科技博览园元旦开园迎客，吸引不少家长、孩子和研学队伍前来参观游玩。

该园区位于海口市城西学院路中国热带农业科学院内，由中国热带农业科学院开发并管理，是集科技创新、成果展示、农业科普、植物观赏、休闲体验、研学培训、国际交流于一体的旅游风景区。

正值气温降低，但并没有影响市民、游客的出游热情。大家聚集在园区景点前，与植物亲密接触，尽情嬉戏。研学队伍热情洋溢，探寻园内的"自然奇缘"。

研学队伍参观热带作物品种资源展示园

捕蝇草、空气凤梨……这些奇特的植物都能在热带作物品种展示园看到，这里不仅是一个现代化温室，更是孩子们探索自然奥秘的乐园。荡秋千、穿梭花丛，还有观看植物标本制品，展示园内玩趣十足。

最受孩子们欢迎的当属热带海洋生物资源展览馆，这里展示了各类海洋生物标本600多种，游客们畅游其中，不仅能领略神秘的海洋世界，还能观察海洋动物的奇异外形与生物习性。海洋馆里的五彩斑斓的热带鱼、憨态十足的胖头鱼和灵活躁动的蟹类，吸引孩子们贴近玻璃展柜观察。

热带珍稀植物园像一个微缩版的热带雨林，吸引了不少以家庭为单位的游客走走看看。在城市中仍然可以近距离的走进天然氧吧，特色香料区、特色饮料区、特色果树区、特色棕榈区、特色南药区、沙生植物区、热带兰花区等，植物形态各异、丰富多样。

热带生态农业科技馆里展现的农业技术和信息科普非常丰富，精准水肥控制、农业技术展示、农业设施栽培和特色水果生态种植遍布场馆各区，还有布置精致、

园内形态各异的植物

海　星

热带珍稀植物园内的兰花

展品丰富的馆中馆——"蜜蜂馆""蚕桑馆""昆虫馆"，更加细致的深入了解到植物和昆虫的奇妙联系。既可以了解原生态的自然知识，还可以接触到成果制品，柔软洁白的蚕丝被得到了不少市民的青睐。

中国热带农业科学院在高性能天然橡

父子观看昆虫馆标本

胶加工关键技术取得重大突破，园区设立的"天然橡胶馆"内展示了许多橡胶原料和半成品，实现成果转化的橡胶枕头、橡胶木制地板及橡胶木工艺品，许多学生和家长纷纷驻足了解，热情满满。

热带国花园的风情、热带百果园的青涩。园区内所到之处，每一株植株都有属于它的故事。在快乐中，一场热带动植物的科普就完成了，不愧是寓教于乐的"遛娃"好去处。

更令人开心的是，开园初期，海口热带农业科技博览园不收取门票，免费供海口市民及游客参观。

（三）都市逛热带雨林

2021年元旦，一个难得的冬日艳阳天。位于海口的中国热带农业科学院"美颜"迎接宾客，院内的海口热带农业科技博览园免费对外开放。热带特色为媒，自然景色引客，国家级科研单位正在走出实验室，通过"科研＋旅游"的方式，积极推广科研成果，展示科研团队形象，助力地方打造特色旅游地标。

神奇的热带作物 南药与美食可兼得

2021年1月1日上午9时，海口热带农业科技博览园正式揭牌开园。冬日暖阳中，海口市民扶老携幼进园观赏，体验了一把在都市热带雨林间游园的乐趣。

百果园、热带珍稀植物园、黎药南药科技馆等近20个饱含科技内涵的景点巧妙穿插于院内各科研办公楼之间，千余种热带特色植物点缀着整个园区，在冬日里显得勃勃生机。

最受市民游客欢迎的当属热带作物品种资源展示园，孩子们穿梭花丛自己制作植物标本，在高大植物间荡秋千，玩中有学，寓教于乐，此时，热带作物成了孩子们童年的玩伴。

这一展示园是由该院热带作物品种资源研究所牵头建设的，科研人员从资源库中精心挑选了全球热区600多种热带作物，有的具有产业价值，有的是濒危作物，有的极具全球推广价值。

最值得海南人前往观看的，要属南药区，"看过这些神奇的南药，我们会更热爱海南。"

"猫须草对肾好，广藿香是优良的定香剂，艾纳香全株可药用。"热带作物品种资源研究所南药与健康研究中心副主任于福来博士现场

儿童学习植物知识

当起了讲解员，带领一大批"粉丝"逛园。

当他讲到海南植物裸花紫珠时，引起阵阵惊呼，"它居然单方入药！""它对胃肠出血有奇效！"游客们纷纷蹲在这株海南名草面前，细细端详。

享受假期，逛吃必须同步。最让游客动心的当然是美食，整个园区展出400多种科技研发产品，食品占一半以上。

大家看到，有深具热带特色的咖啡、可可、茶等饮料，有原生态食品有机蔬菜与肉类产品，还有干果与糕点。

农业科技与旅游文化深度融合 把科研成果带出实验室

"这是国家级科研单位献给海南百姓的新年礼物"，海南热作高科技研究院股份公司领导介绍，园区现为3A级旅游风景区，这是中国热带农业科学院"开放办院"的一次成功实践。

经过科学规划布局，"一心、两馆、三园、四场、五景、六区、七楼"景观嵌入中国热带农业科学院机关大院内，在500亩区域内巧妙设计浏览动线，实现了"科研＋旅游"的完美叠加，有利于农业科技与旅游文化深度融合。

"园区所在地，是海南科研机构、高等教育聚集地，非常利于我院科技创新资源的全面展示。"廖子荣介绍，园区发展肩负三大使命：成为海南省会城市精品景区、海南自由贸易港靓丽名片、国际旅游岛高端品牌；为海南自由贸易港建设国际旅游消费中心注入新的发展活力，有效带动海口旅游高质量发展。

"与通常形式的景区不一样，园区饱含热带农业科技内涵。"廖子荣说，园区建设集科技创新、成果展示、农业科普、植物观赏、休闲体验、研学培训、国际交流于一体。"中国热带农业科学院建院以来，获得国家级成果50多项，省部级成果1 000多项，强大科研力量决定园区科技含量高，游客能学到许多热带农业知识，获得更好的浏览体验。"

"园内现有1 000余种植物，数百种动物，强大的实验室资源可对外开放，自2020年国庆节以来试运营期间，主要接待了两大团体的游客，一种是对科研、农业高度感兴趣的，他们热爱大自然，对热带雨林怀有强烈的求知欲；还接待了海南几千名中小学生，一线科研人员手把手现场演示，激发学生们对科学的兴趣与热爱。"

海口热带农业科技博览园是热带植物的"基因库"，科技成果展示基地和农业科普研学基地。记者注意到，元旦当天前往的游客，小学生及学前幼童几乎占了一半儿，全天共计3 000多位游客入园。

（四）园区迎来特殊天使

2021年6月1日上午，海口热带农业科技博览园里欢声笑语，230名特殊儿童在家长的陪同和老师的带领下，参观游览海口热带农业科技博览园，开启了一趟休闲科普的趣味研学之旅。

孩子们首先参观的是海口热带农业科技博览园中的"两园三馆"：热带珍稀植物园、热带作物品种资源展示园、热带海洋生物资源展览馆、热带海岛珍稀药用植物馆、热带生态农业科技馆。研学老师在一旁悉心讲解各种植物、药物、海洋生物等，孩子们饶有兴致，听得津津有味。

孩子们在家长的陪同下参观游览

"小朋友们，你们知道电视剧里的蒙汗药是用什么做的吗？你面前的这株植物，就是可以做蒙汗药的百花曼陀罗哦！"在黎药南药科技馆，讲解员的介绍把小朋友的目光牢牢吸引住了，"碰一下就会昏迷吗？我要离它远一点！"小朋友天真的话语令现场的"大朋友"们忍俊不禁。伴随着讲解员的细致讲述，一株株特色植物褪去了神秘面纱，给游园的小朋友们留下了深刻的印象。

在热带海洋生物资源展览馆，千奇百怪的贝壳、难得一见的寄居蟹、五彩斑斓的热带鱼……一下子就吸引住了小朋友们的目光。"我家宝贝看贝壳看得入迷了，都不愿意走了。"一位家长在游园中无奈掉了队，他告诉记者，自己家的孩子今年5岁，很喜欢海洋生物，这次来游园，他特别兴奋，看到贝壳、螃蟹开心得不得了，"这里我们是第一次来，没想到园区里有这么多丰富的动植物，是个自然大课堂，孩子的这个儿童节过得非常有意义，以后可能要经常带孩子过来了。"

游园结束后，孩子们还参加了由海口雨润特殊儿童教育培训中心主办，中国热带农业科学院协办，海南热作高科技研究院股份公司与海口热带农业科技博览园承办的"爱满六一，共祝特殊儿童圆梦飞翔——六一文艺汇报演出"活动。

（五）园区发布新物种

科学家们在海南开展生物多样性保护研究过程中，发现了海南特有新物种11个，中国新记录属2个，中国新记录种11个，海南新记录属12个，海南新记录种85个，这是海南数十年的物种资源探索的重大突破，内涵重要的科学价值。

在2019年11月14日发布会上展示的物种资源涵盖了热带牧草、热带香料饮料植物、南药和热带花卉植物，这些资源类别是中国热带农业科学院科研人员的重要研究对象。

莎草科研究成果有示范意义

"莎草科是非常重要的一个科，这个科含有众多饲用、药用的珍稀植物，我们团队完成了海南莎草科的多样性考察研究。"中国热带农业科学院植物分类学研究团队的带头科

学家刘国道研究员说。

　　刘国道研究员从事草类植物研究30多年，在此次发布会上展示的11个海南特有新物种中，有5个是他所在的团队发现和公开发表的。

长柄薹草

A至I代表图片顺序编号

　　刘国道研究员介绍，在团队的努力下，海南莎草科植物已更新至24属164种6亚种和9变种，新增了22个新分布种，其中发现、命名并在国际上公开发表的新物种有5个，分别是尖峰薹草、凹果薹草、伏卧薹草、吊罗山薹草、长柄薹草，这5个新物种被认定为海南特有种。

　　中国热带农业科学院在这个领域的研究成果丰富了海南植物区系数据的同时，也富含重要的生态学意义，特别是在国内莎草科研究关注较少的背景下，海南莎草科的研究具有示范性的意义。

凹果薹草

A至G代表图片顺序编号

热带辛香饮料种类研究独树一帜

热带辛香饮料作物是中国热带农业科学院标志性的研究对象之一，独特的芳香魅力使得中国热带农业科学院的香料饮料研究在国内独树一帜，海南强大的种质资源是支撑这个品牌发展的重要基础。

胡椒是热带辛香饮料作物中非常典型的一个种类。发布会上的盾叶胡椒和尖峰岭胡椒是胡椒家族中最新发现的成员。

"发现胡椒科的新物种，最显而易见的意义在于其科学价值，丰富了物种多样性。其次，则是其利用价值。接下来在研究它药用价值的同时判断其是否可以作为育种材料，并尝试开发其园艺价值，竭尽全力保护、研究和利用好这些新物种，为海南乃至全国胡椒产业作出新的贡献"。中国热带农业科学院香料饮料研究所科技处处长、种质资源与遗传育种研究室主任郝朝运说。

盾叶胡椒

A 至 K 代表图片顺序编号

兰科稀有物种发现的背后有故事

　　发布会上最引人注目的当属色彩斑斓的热带花卉，而兰科植物是热带花卉中最赏心悦目的佼佼者。

　　在海南这个神奇的岛屿上，多个神秘的兰花"精灵"逐被发现：莫氏曲唇兰、黎氏兰、昌江盆距兰……此外，还有众多姿态各异的新记录种，这些物种代表了这个岛屿生态系统生命力。

　　科学发现的背后往往有很多故事和各

莫氏曲唇兰

黎氏兰

种滋味，但是科研人员的探索精神始终是主旋律。谈到对海南花卉种质资源的调查研究，不能不提到黄明忠博士。

中国热带农业科学院尹俊梅研究员向记者讲述了黄明忠踏遍海南寻觅芳兰的故事。

2019年端午节前，为了不错过了每年难一遇的花期，黄明忠前往海南保亭山区密林开展定位观测，返回时，天色渐晚，密林幽暗，中途迷路，跌入沟谷，身负重伤，腿部骨折，失联20多小时之后，经多方努力，方才获救。

南药资源宝库不断丰富

海南是我国南药资源的天然宝库，除槟榔、益智等4大南药外，这里还分布有千余种珍稀药用植物资源。这些资源与海南的生物多样性保护之间存有千丝万缕的关系。

王祝年是中国热带农业科学院南药研究团队的首席科学家，他的团队一直围绕海南药用植物资源的保护和利用开展研究工作，建立了海南首个国家级的药用植物资源圃开展保育研究，引种保护2 000余种药用植物，发布会中的定安耳草、硬毛巴豆、小果木、小花沙捻、石山爵床、四叶山扁豆、硬枝酢浆草、光果姜等新种和新记录种是新近发现和引种保护的重要类群。

定安耳草

A至L代表图片顺序编号

生物多样性保护功不可没

"近年来，海南省不断强化国家重点生态功能区的保护和管理，重点实施生物多样性保护战略行动计划，不断加强对极小种群野生植物、珍稀濒危动植物种质资源的保护研究。全省各对应的管理单位、高等院校、科研院所和民间组织积极投入到海南自然生态和生物多样性保护的行动中，成效显著。"海南省副省长刘平治说。

种质资源与植物分类学是热带农业科学院重点学科建设的内容之一，热带农业科学院长期致力于热带作物种质资源收集保护研究团队的培养。这些团队已

野外科考

成为推进我国热带作物种质资源研究的先锋队。

学界充分肯定了以热带农业科学院为首的研究团队在海南物种资源保护上开展的扎实工作。

中国植物学会药用植物与植物药专业委员会名誉主任、北京大学教授艾铁民说，"基础研究成果是其他学科发展的前提，针对各区域开展最朴实艰苦的研究，对于科学在任何时候都是非常必要的。生物多样性的重要性体现在成分多元性和系统复杂性上，一个科都不能少。此次发布的新物种有研究热点兰科植物，也有与草业界分类断层的冷门学科莎草科，生物多样性又丰富了重要的成员，很有意义。"

艾铁民认为，生态优势是助推海南发展的重要源泉，当前，国家公园试点工程、植物种质资源引进中转基地建设等相继落户海南，扎实开展生物保护研究是海南科研工作者面临的重要功课。

（六）园区举办省级科普讲解大赛

2021年8月27—28日，由海南省科学技术厅主办、中国热带农业科学院承办的2021年全国科普讲解大赛海南赛区的比赛，在海口热带农业科技博览园举行。来自海南省直相关单位、高校、科研院所、省级科普场馆、企业等单位的74名选手参加了比赛。

海南省科普讲解大赛现场

本次大赛以"百年回望：中国共产党领导科技发展"为主题，赛程设置自选命题讲解、随机命题讲解两个环节。比赛现场，选手们巧妙运用多媒体等手段，把严谨深奥的科学知识讲得通俗易懂，并深入浅出地解读科技热点，多样化展示我国科研工作成果，展示科技工作者的风采。

"此次比赛我分为两个部分进行演讲，一个是更路簿，一个是红树林，希望从历史和生态的角度来与大家分享南海文化，以及保护生态的重要性。"来自中国海南南海博物馆的选手郑伊心表示，更路簿常被人称为"南海天书"，很多人对其并不了解。希望通过

此次演讲能让更多人走进南海文化，与大家一起在"回看走过的路"中，坚定信仰信念、增强自信自觉；在"远眺前行的路"中，敢于担当担责，不断开拓创新。

参赛合照

来自海南省气象服务中心的选手黄麟词此次的参赛主题为《落日的最后一抹余晖》。"落日想必大家都见过，但鲜为人知的是，落日的最后一抹余晖并不是常见的红光或橙光，而是绿光。"黄麟词结合自身工作专业知识，围绕光学现象向大家科普了"绿光"的知识。她表示，科学可以引导人们探索美、发现美、欣赏美，希望能将更多科学知识与大众分享，让更多人一同感受科学的奥妙。

科学技术部人才与科普司原二级巡视员邱成利介绍，全国科普讲解大赛是目前国内影响范围最大、水平最高、代表性最强、最具权威性的科普讲解竞赛，也是海南省科技活动月重大活动之一。希望通过此次讲解大赛，在全社会广泛普及科学知识、倡导科学方法、传播科学思想、弘扬科学精神，激发全社会创新创业活力，营造良好的创新文化氛围，让科技发展成果更多更广泛地惠及全体人民；聚焦科技帮扶，聚焦超常规手段打赢科技创新翻身仗，坚定科技助力经济发展的信心，助力海南自由贸易港建设的决心。

最终，来自海南省气象服务中心的黄麟词、海南省陵水黎族自治县隆广中心卫生院的冯恒昇、中国（海南）南海博物馆的孙积龙分别获得了2021年海南省科普讲解大赛的一等奖、二等奖、三等奖，这三位获奖者将代表海南省参加全国科普讲解大赛的总决赛。

（七）园区承办海南省全国科普日活动

2021年9月19日上午，2021年海南省"全国科普日"活动启动仪式暨科普主题展在海口热带农业科技博览园拉开帷幕。海南省人大常委会副主任陆志远出席并宣布启动，海南省科学技术协会党组书记胡月明，海南省科学技术协会主席、中国科学院院士骆清铭，中国热带农业科学院院长王庆煌，以及省委宣传部、省科技厅、省教育厅、省国防科工办、省资规厅、省生态环境厅、省水务厅、省农业农村厅、省卫健委、省应急管理厅有关领导参加启动仪式。

本次活动由海南省科学技术协会、中共海南省委宣传部、海南省教育厅、海南省科学技术厅、海南省国防科技工业办公室、海南省自然资源和规划厅、海南省生态环境厅、海南省水务厅、海南省农业农村厅、海南省卫生健康委员会、海南省应急管理厅、中国热带农业科学院共同主办。活动以"百年再出发，迈向高水平科技自立自强"为主题，以"省级主场重点活动、各市县"科普日"系列活动及省级学会、企业等单位特色活动、系列科普活动以及"云上科普日"活动的模式开展。

2021年海南省"全国科普日"活动启动仪式暨科普主题展

当天启动仪式举行了海南省科普教育基地（2021—2025年）、海南省科普示范基地以及2021—2025年度第一批全国科普示范县（市、区）授牌仪式等。

当天主场活动采取"1＋N＋6"活动架构，集合45家主办单位、省级学会、科研院所和企业单位的创新成果和优质科普资源，以多媒体、实物或模型、虚拟现实、互动体验等多种形式，围绕建党百年，回望创新发展、碳达峰碳中和、生态环境、科技助力乡村振兴、高新科技、应急科普、健康生活等方面，打造内容丰富、趣味性强的六大科普主题展。当天还推出科普直播间活动、科普小达人有奖竞猜活动、主场活动图文直播等现场活动。

主场活动还依托海口热带农业科技博览园六大科技场馆和开展科普讲堂，通过"现场体验＋科普讲堂＋游馆寻章趣味活动"等方式开展系列科普活动，让孩子们在玩中学，在体验和实践中掌握科学知识。

主场活动还开展海南省"云上科普日"活动，采取H5展示＋《科普海南》公众号＋

新媒体，推出"科普直播间""海南省全民科学素质网络知识竞赛活动""海南省科普短视频征集大赛""科普教育基地云游"等活动打卡、短视频、直播等网络在线科普活动，形成网络科普传播热潮。

三、海口热带农业科技博览园游人感悟

（一）蛮有特色的农业博物馆

2020年年初从苍峄路经过的时候，偶然看到彩虹建材市场旁边有一个博览园，感觉还挺新的，所以就想什么时候带姑娘来看一下。

先来看一下这个博览园的平面图，其实还挺大的，这是我没有想到的。

与市中心形形色色的忙碌不同，园区内的安静显得别具一格。在这个热带岛屿，感知春天好像成了一件不那么容易的事，但热带农业科技博览园墙里墙外仿佛存在着"结界"，万物复苏的春光在角落悄然盛放。

占地面积300亩的海口热带农业科技博览园收集保存着千种以上热带植物，由中国热带农业科学院管理。

踏入热带海洋生物资源展览馆，会以为自己潜入了海底两万里，千奇百怪的贝壳、难得一见的寄居蟹、五彩斑斓的热带鱼……这个海洋科普基地以展示南海各种海洋动物资源为主，分为生物多样性与鱼类标本区、贝类标本区、甲壳类标本区和水生生物活体区，展示各类海洋动物标本600多种。琳琅满目的标本为人们领略海洋动物的缤纷色彩、奇异外形与生活习性打开了一扇窗口，尤其是镇馆之宝——巨大拟滨蟹标本更是让游客们惊诧不已。

石　蟹

一些科学现代元素称托，颇且艺术感。

热带海岛珍稀药用植物馆就在科普馆旁边，而且就在科普馆旁边开了一个门，直接就可以过去参观。展区不大，植物也不是很多，但是展示在哪里，还是生机盎然。

巨大的玻璃墙顶，虽然不需要额外采光，但是对海南而言，走进去，还是显得很闷热。

每一个空间都要充分利用，看看利用墙壁，藤蔓植物还是生长得挺好。

五月的海南，还是很热，我们从植物馆出来，想看看热带作物展示园，所以我们必须经过一个不大的文化广场。

这是文化广场有特色的建筑物——日晷。日晷应该是古代测量时间的计量工具，所以我就不明白，为什么会出现在一个农业公园里？仅仅是为了装饰？没有特别的含义？

当然，有这么一个文化广场，从一个展馆到另一个展馆，一步一景，变换视觉，对游人而已，应该还是一个不错的选择。

走过文化广场向西，就到了热带作物品种展示馆。进去展馆，除了我们几个家庭之外，也没有什么人，但是里面的热带作物还是很漂亮的。

这应该是为数不多的可以供人休息的区域，而且还可以在这里购买一些绿植回家。

池塘景观

（二）电视屏幕外的生态屋

海口是一个节奏很慢的城市，但是好像忙碌的生活里，我已经很久没有静下心来看看这座城市。于是，在一个阴云密布的午后假期里，我没有做任何准备，独自来到了海口热带农业科技博览园。

或许是因为开园的时间不长，还没有其他景区人满为患的拥挤感；又或许是这个景区的特色，就是打造一个特别"安静"的景区。无所谓啦！反正，这和我的初衷很贴切，不是吗？

我来的这天因为天气不那么晒，所以不管是室外的植物园，还是其他没有空调的馆区，走起来都还挺舒服的。一开始，我从游客中心拿了导览图，走出门就到了他们的植物园，园子并不是很大，人也很少，沿着路走，一路上都是各色植物，其实如果不去仔细地钻研这些植物背后的故事，像我这样子俗气的人，走过这个园子只会惊叹一声"哇哦，好多植物啊。"但是好在心情平静，耐下心来去看他们设置的介绍牌，一路上对着牌子和百度百科研究，虽然耗时长了点，但还是带给我了不同的体验。

最大的体验，大概是在走这条路的时候，因为这条路设置得不算宽敞，很长的一段路都给了我一种误入桃花源的错觉，阡陌交错，嗯……没有鸡犬相闻，但是有淡淡的植物草木香味，以及越走近就越大的光圈……哦，并没有桃花源。

园中盛开的三角梅

其实植物园大多都是相似的，我有时候甚至觉得，每次旅游的景点也大多都是相似，这可能就是传说中的"世间的美都是相似的，但是丑却是五花八门的。"

突然想起一部综艺，很符合这个园区的节奏，早几年《向往的生活》刚刚播出的时候，网友们都觉得这是现代的桃花源记，三两好友，原生态的自然环境，通过劳作获得快乐……我看到很多人都隔着屏幕艳羡，微博底下有不少蘑菇屋"云住民"。

置身园中，不掺杂任何目的地走着，阴天的微风有些凉爽，我发现如果我不需要为了景点打卡而争占一个好位置，不需要在人群中穿梭，赶集似地踩过每一个景点，那我大概也能体会到'蘑菇屋'的快乐。这大概是自由行最大的美妙，无需迁就其他人的行程，我只要慢慢地走过各个馆区，感兴趣的，我就多看一会，不感兴趣的，我就匆匆而过。好比海洋馆足够令人惊叹，我就多留一会儿，拍拍五光十色的贝壳，犹如绸带长廊，美不胜收。但是生态馆里的水稻作物，我是看得十分平淡，也许是我知识储备不足的原因，在我看来，生态馆里最鲜活的，是那群绕在树上自由飞舞的鹦鹉。

走过了几个场馆，最后在凉亭里休息片刻，打算返程的时候，一对相携而来的母女俩，错耳间听到她们在小声地念叨着蝴蝶馆，手里拿着导览图在一一比对，对话温馨又充满朝气。我下意识地跟着她们的对话打开了我手里的展览图，匆匆地扫过了一遍，也没有看到她们所说的蝴蝶馆，短暂交流后，我就又跟着她们回到了生态馆。

蝴蝶是真的很漂亮，但是小姑娘的童言童语更有趣，离开的时候隐约听到小姑娘的母亲在柔声地和她说话："今天玩够了，明天就要乖乖上幼儿园哦。"

咦。

突然感受到了一点暴击。

这里很好也很美，但是美好的假期终究会过去。

只是忙累了，也许可以再来走一走，沉淀下自己浮躁的心……逃避虽然可耻，但是有用。

嗨，海口热带农业科技博览园，初见很美，也很愉悦。再见啦~

（三）午后隐于园

午后隐于园

——作者 小诗

椰影婆娑花想容，
风过疏竹醉径幽，
兰语蝶飞绕药草，
可可咖啡正飘香，
三园五景相呼应，
成果科普物种丰，
博览热农高科技，
相约海口热科园。

园中松鼠与木棉的互动

备注： 作者由珍稀植物园，一路前往科技体验馆。花想容来自李白写给杨贵妃的"云想衣服，花想容"，形容女士的闭月羞花之美，这里是拟人化指园区景色唯美。微风吹过，翠竹声声，蝴蝶兰如同蝴蝶在林中翩翩起舞，更媲美自然蝴蝶。绕过了香草区，香茅草与糯米香的味道，仿佛也迎面而来，掺杂着咖啡的清味，绵绵睡意便没了。坐在馆里，想着园区的几个景点和功能，突然看到游客中心墙面的口号："博览热农科技，相约海口热园"。

图书在版编目（CIP）数据

海口热带农业科技博览园 / 欧阳欢，余树华，陈志权主编. —北京：中国农业出版社，2022.2
ISBN 978-7-109-29133-1

Ⅰ.①海⋯　Ⅱ.①欧⋯②余⋯③陈⋯　Ⅲ.①热带作物-农业技术-高技术园区-研究-海口　Ⅳ.①F327.661

中国版本图书馆CIP数据核字（2022）第026540号

中国农业出版社出版
地址：北京市朝阳区麦子店街18号楼
邮编：100125
责任编辑：王琦瑢
版式设计：王　晨　　责任校对：吴丽婷　　责任印制：王　宏
印刷：中农印务有限公司
版次：2022年2月第1版
印次：2022年2月北京第1次印刷
发行：新华书店北京发行所
开本：787mm×1092mm　1/16
印张：11
字数：260千字
定价：128.00元